SYSTEME
DE
TELLIAMED.

TELLIAMED
OU
ENTRETIENS
D'UN PHILOSOPHE INDIEN
AVEC UN MISSIONNAIRE FRANÇOIS

Sur la Diminution de la Mer, la Formation de la Terre, l'Origine de l'Homme, &c.

Mis en ordre sur les Mémoires de feu M. de M***

Par J. A. GUER, Avocat.

TOME PREMIER.

A AMSTERDAM.
Chez L'honoré & Fils, Libraires.

M. DCC. XLVIII.

Relié par Padeloup Rel.
Roy. place Sorbonne à

A L'ILLUSTRE
CYRANO
DE BERGERAC;

Auteur des Voyages Imaginaires dans le Soleil & dans la Lune.

C'est à vous, Illustre Cyrano, que j'adresse mon Ouvrage : Puis-je choisir un plus digne Protecteur de toutes les folies qu'il renferme ? Il est vrai qu'entre vos extravagances & les siennes il y a aussi peu de rapport qu'entre le feu

& l'eau ; & qu'il se trouve autant de distance entre les unes & les autres, qu'il y en a de la terre au ciel. N'importe : Cette petite différence ne doit point vous empêcher d'accepter l'hommage que je vous en fais. Extravaguer pour extravaguer, on peut extravaguer dans la Mer comme dans le Soleil ou dans la Lune. Je n'en veux pour témoins que tous les philosophes qui nous ont suivis ou précédés : Y en a-t-il un seul, qui sur le flux & reflux de l'Océan, n'ait bâti quelque sistême aussi fabuleux que le mien, & aussi ridicule que le vôtre.

C'est cette conformité de de génie & d'idées qui m'a enhardi à jetter les yeux sur vous, Illustre Cyrano, pour être le patron & l'appui de ce fruit de mes rêveries. J'avouë ingénument, que dans le voyage que j'ai fait en France, où j'ai eû le bonheur d'avoir communication de vos fictions ingénieuses, quoique votre mérite soit parfaitement établi votre réputation m'y a paru un peu surannée. Mais la renommée qui porte par-tout l'Univers le nom des hommes originaux, vous a amplement dédommagé dans mon pays de cette espéce de décri, dans lequel votre Philosophie est tombée : votre maniere de penser y a pris, comme le feu prend à l'amadou ; & je vous assûre qu'aujourd'hui on radote aux Indes, comme vous radotiez autrefois en Europe.

Je vous dirai pourtant, (car entre Philosophes il ne doit y avoir rien de caché :) que dans ce pays là, comme dans le vôtre, on vous accuse de vous être laissé tromper grossiérement dans le cours de vos merveilleux Voyages par certains hommes du monde Lunaire, qui vous en conterent beaucoup plus qu'il n'y en avoit ; & d'avoir mêlé dans vos descriptions bien des sotises qu'on ne vous a jamais dites. La Nation vouloit mème vous faire un procès de quelques allusions peu honnétes, & de quelques réflexions libertines : car sur l'honnèteté nos Indiens ne sont pas gens à entendre raillerie : mais vos Partisans ont adroitement paré le coup, en rejettant habilement ce qu'on vous imputoit sur je ne sçai quel ancien Auteur Grec* encore plus gâté & plus corrompu que vous, dont les écrits ont servi, disent-ils, de modéle & de canevas à votre Ouvrage.

Vous ne devez point douter, Illustre Cyrano, qu'admirateur zelé de vos rares talens, je n'aye apuyé fortement en cette occasion ceux qui prenoient vôtre deffense. J'ose vous promettre en toute autre, la
* Lucien

même ardeur à soutenir les intérests de vos Visions, envers & contre tous étant aussi parfaitement que je le suis,

ILLUSTRE CYRANO,

De votre falote Seigneurie,

Le très-fidéle Imitateur, TELLIAMED.

PREFACE.

C'EST un étrange deſſein, que celui d'entreprendre de prouver aux hommes qu'ils ſont dans l'erreur : il ſeroit encore plus étrange de vouloir les obliger d'en convenir. En effet, comme l'a dit très-bien une des Muſes de notre ſiécle. (*a*)

 Nul n'eſt content de ſa fortune ;
 Ni mécontent de ſon eſprit.

L'homme eſt naturellement prévenu en faveur de ſes connoiſſances. L'experience a beau lui faire ſentir chaque jour ſon ignorance & ſon aveuglement : cent fois détrompé, il ne s'en croit pas moins clairvoyant, ni moins in-

(*a*) Made. des Houliéres.

faillible. Pourvû même qu'on lui accorde ce point, il passera peut-être condamnation sur tout le reste. Les qualités du cœur, qui sont le lien de la société, pour laquelle il est né, semblent l'intéresser moins vivement, que l'agréable idée qu'il a conçuë de l'étenduë & de la solidité de son génie : Il est d'abord disposé à se révolter contre tout ce qui tend à rectifier ses lumiéres, & à lui faire voir qu'il s'est trompé. On consent assez volontiers à être la dupe de son cœur; personne ne veut être la dupe de son esprit.

Il est cependant des erreurs, qui ne sont pas moins des erreurs, pour être généralement répanduës. L'antiquité ou l'universalité d'un sentiment n'est nullement le sceau de la vérité. Je mets même en fait, conformément à la pensée d'un illustre Ecrivain, (b) que pour quiconque veut se garder de l'erreur, l'antiquité d'une opinion est moins une preuve de son autenticité, qu'un juste sujet de la révoquer en doute, de la tenir pour suspecte, & par conséquent de ne point s'y attacher, qu'après l'avoir mûrement examinée : Que c'est un pitoyable & pernicieux argument que celui-ci, nos Peres l'ont crû; qu'il réserre l'esprit, détruit la raison, favorise l'ignorance & l'erreur, & ne conclud rien dans le fond, sinon que de tout tems l'homme a été

(b). Le second principe qui sert beaucoup à nos erreurs, est le respect aveugle de l'Antiquité. Nos peres l'ont crû : prétendrions nous être plus sages qu'eux ? Pour peu qu'une sottise soit établie, ce principe la conserve à jamais. Il nous défend de nous tirer d'erreur, parce que nous y avons été quelque tems. (Fonten. de l'origine des Fables.) Le témoignage de ceux qui croyent une chose déja établie, n'a point de force pour l'appuyer; mais le témoignage de ceux qui ne la croyent pas, a de la force pour la détruire. (Hist. des Oracles, Dissert. 1. Ch. 8.)

crédule : Que le nombre des ignorans & des sots étant sans contredit infiniment plus grand que celui des personnes sages & éclairées, la vérité n'est pas toujours le partage du grand nombre : (c) Que plus l'origine d'une opinion est ancienne, plus elle approche des tems fabuleux ; & que par conséquent il n'y a point de sentiment moins recevable, que celui qui n'a pas de plus solide fondement, que celui du tems & de la multitude. L'expérience fournit tant de preuves de cette vérité, qu'on croiroit faire tort au jugement des Lecteurs, si on entreprenoit d'en rapporter ici aucune.

Il semble que l'Ouvrage qu'on donne ici au Public, ait été moulé

(c) Grave etiam argumentum tibi videbatur, quòd opinio de Diis immortalibus, & omnium esset, & quotidiè cresceret. Placet igitur tantas res opinione stultorum judicari, præsertim, qui illos insanos esse dicatis. Cic. de Nat. Deor. lib. 3.

fur ces principes. Il eſt ſi ſingulier, ſi original, ſi eloigné de la manière ordinaire de penſer, qu'on ne peut s'empêcher d'y reconnoître plus que du nouveau. Le caractère de l'Auteur y eſt peint de façon à ne pouvoir s'y meprendre. C'eſt un Philoſophe hardi, quelquefois juſ-qu'à l'extravagance, qui raiſonne avec beaucoup de liberté, & qui, ſur des obſervations aſſez plauſi-bles, ſur des faits dont on ne peut guéres conteſter la vérité, bâtit un ſiſtême lié & ſuivi en apparence, quoique dans le fonds il n'ait peut-être pas plus de ſolidité que les fa-bles. Son nom eſt également connu dans la République des Lettres, & de pluſieurs perſonnes illuſtres & diſtinguées ; il ne ſera pas même difficile au Public de le deviner. C'eſt tout ce qu'on en peut dire ici.

Du reste, si son Livre est mauvais, ne lui refusons pas la foible consolation de pouvoir se soustraire à la confusion de n'avoir pas réussi. Au contraire, s'il est bon, il suffit que l'Impression nous mette à portée de profiter de ses recherches.

Comme ce Traité peut tomber également entre les mains des Sçavans & de ceux qui ne le sont pas, on auroit fort souhaité que les uns & les autres eussent pû y trouver leur compte. C'est un grand avantage pour un Auteur, lorsqu'il sçait allier l'agrément à l'utilité, sans que l'érudition y perde rien de son prix, ou que le badinage ressente la pédanterie; & c'est ce qu'un illustre Ecrivain de nos jours a exécuté merveilleusement dans une matiere qui a beaucoup de rapport à celle-ci. Mais notre Philosophe Indien est si sérieux, qu'il n'a pas semblé possible de le faire descendre de sa gravité. Ce sont d'admirables gens que ces Indiens! de tous les animaux sortis de la main de Dieu, il n'y en a peut-être pas de moins risibles. Il n'a pas été donné non plus à tous les Philosophes d'avoir pour Disciple une aimable Marquise. L'idée seule d'un Missionnaire glace l'imagination; & puis tout le monde n'a pas le talent de badiner aussi ingénieusement que l'Auteur de la pluralité des Mondes.

On doit cependant avertir ceux qui, dans les Livres, ne cherchent guéres qu'à s'amuser, que celui-ci n'est pas absolument dépourvû d'agrément; que le second & le sixième Entretien, par exemple, leur fourniront des faits en assez grand nombre, qui, quoique rapportés nuëment & fans ornemens étrangers, ne laifferont pas de leur plaire; & que la lecture même du reste ne leur coûtera qu'une application raifonnable & modérée. Les raifonnemens de notre Indien ne font pas ordinairement fi profonds ni fi abftraits, qu'on ne puiffe les fuivre avec une attention ordinaire, telle que nos dames en donnent tous les jours à une intrigue de Roman ou de Théâtre. Il préfente du moins rarement à l'efprit de ces idées métaphyfiques, dont les traces fubtiles échapent quelque fois à la pénétration la plus délièe. Il fuit la nature pas à pas, il l'accompagne dans fes productions les plus ordinaires, quelque fois les plus finguliéres & les plus rares. Y a-t-il rien qui demande moins de contention que l'image de ce qu'elle opére tous

les

tes jours fous nos yeux ? Quoi de plus agréable en même tems, que de pouvoir la prendre, pour ainsi dire fur le fait, & la forcer à nous dévoiler elle-même fes myftéres les plus fecrets?

L'Auteur ne pouvoit guéres choifir de fujet plus capable que celui-ci de piquer la curiofité, je ne dis pas des Sçavans feulement, mais même de tout homme qui penfe. Rien en effet de plus intéreffant pour nous, que de chercher à nous inftruire de la nature de ce Globe que nous habitons, que nos Peres ont habité avant nous, & qui doit être habité par nos Neveux, tant qu'il fubfiftera dans l'abîme des fiécles, dont le terme nous eft inconnu; d'examiner d'où il eft forti; comment il a été formé, quelles révolutions il a effuyées, quel eft son état actuel, & à quelles vicissitudes il peut se trouver exposé dans la suite? *S'inquiéte de tout cela qui veut*, (d) je le sçais ; mais s'il est vrai que l'homme soit né pour s'inquiéter, encore est-il plus raisonnable & plus naturel de s'inquiéter de tout cela, que de courir après des connoissances qui nous sont souvent absolument étrangéres.

L'Auteur des nouveaux Dialogues des Morts raille ingénieusement ces Philosophes, (e) qui par un abus impardonnable de leurs talens & de leur loisir, *sautent par dessus l'homme qu'ils ne connoissent point*, pour s'attacher à des études, qui ne servent souvent qu'à les rendre ou plus vains ou plus ridicules.

(d) Préface de la Pluralité des Mondes.
(e) Dialogue de Paracelse & de Moliére.

Ce reproche peut également convenir à la plûpart des gens de Lettres; mais cet usage pervers de l'esprit humain, n'est en effet nulle part mieux marqué, qu'en ce qui regarde l'homme même. Je sçais les progrès étonnans, que la Philosophie a faits à ce sujet depuis deux siécles. L'Anatomie presque portée à son plus haut dégré de perfection, la nature de l'ame mieux éclaircie qu'elle ne l'avoit été pendant cinq à six mille ans, sont des preuves sensibles, je ne dis pas seulement du génie, mais encore du juste discernement de nos Modernes. Parmi un grand nombre d'études frivoles, ils n'ont pas crû devoir négliger des matiéres importantes.

La nature & l'origine de notre Globe n'ont pas été aussi bien dis-

entrées à l'égard de son origine, dans les opinions diverses qui de tout tems ont partagé les esprits, tous sont à peu près convenus, qu'il y a eu un premier instant où la terre a commencé d'être habitée; soit quelle ait existé de toute éternité, comme quelques Philosophes anciens ont osé le soutenir; soit qu'en effet elle ait eu elle-même un commencement, comme la foi & la raison ne nous permettent pas d'en douter. Mais l'esprit humain n'a point encore pénétré plus avant, la religion dans les uns, dans d'autres le préjugé de l'éducation, dans tous l'obscurité même de la matière ne leur permettant pas de porter plus loin leurs recherches. Si quelques Philosophes de l'Antiquité, si des nations sçavantes ont prétendu expliquer la maniére dont cet univers a été formé, leur siécle même a reconnu que sous l'enveloppe de leurs systêmes les plus subtils & de leurs allégories les plus myſtérieuſes, ils ne débitoient dans le fond que des fables & des rêveries.

Ce qui regarde la nature de notre globe n'a pas été mieux éclairci. Cette maſſe informe & groſſiére qui nous ſoutient & nous nourrit, renferme en ſes entrailles des miracles ſans fin, capables d'occuper l'étude la plus longue & la plus opiniâtre, des minéraux, des métaux, des foſſiles; & dans ces différentes eſpéces une variété infinie, dont la cauſe a été juſqu'ici d'autant moins connue, qu'on s'eſt moins appliqué à la rechercher. Prévenu de cetre idée générale, que d'une seule parole Dieu en un instant a tiré l'univers du néant, on n'a pas eu de peine à s'imaginer, que cette terre habitée étoit sortie de ses mains précisement dans le même état où nous la voyons ; & sur ce principe, on a jugé d'abord qu'il étoit inutile de chercher d'autre raison que sa volonté toute-puissante, de la variété prodigieuse qui régne dans la composition de ce globe. Je laisse à juger de la vérité de la conséquence par l'absurdité du principe même. Car sans m'étendre sur ce sujet, considérons seulement les différentes couleurs qui se trouvent tous les jours bizarrement assorties dans une même piéce de marbre: Recourir à la volonté de Dieu pour expliquer cette bigarrure, n'est-ce pas évidemment avoir recours à la machine, ou aux qualités occultes si décriées dans les Anciens ? N'est-pas du moins avouer tacitement son ignorance ? Car attribuer cette varieté infinie à une intelligence suprême, sans lui supposer une fin, c'est en même tems assurer & combattre son existence. Or quelle fin assez noble & digne d'elle supposer à la Divinité dans ces instrumens de la vanité humaine, ensevelis pendant si longtems dans les abîmes qui les cachoient.

Que dirai-je de cette infinité de corps étrangers, qui se trouvent dans le sein des pierres & des marbres les plus durs, de ces monts entiers de coquillages & de corps marins, que la nature semble avoir rassemblés à dessein

dans les lieux les plus éloignés de ceux qui doivent leur avoir donné naiſſance? Conteſter la certitude de ces faits, comme quelques-uns l'ont tenté ; nier l'*étérogénéité* de ces corps inſerés dans d'autres d'une eſpéce abſolument differente ; s'opiniâtrer à ne pas convenir de l'origine de ces ſubſtances marines répandues dans les terrains les plus reculés de leur élement, ce n'eſt pas ſeulement démentir le témoignage conſtant de nos yeux, c'eſt contredire le bon ſens, & renoncer à la raiſon. Quelques Sçavans en aſſez petit nombre, ſe ſont donc retranchés à chercher la cauſe d'un effet qu'ils ne pouvoient révoquer en doute: on trouvera leurs divers ſentimens expliqués ou refutés dans cet ouvrage. Il eſt vrai que quelques-
uns

ques-uns ont eu des opinions si ab-
surdes sur cette matiere, qu'il y a
lieu de douter si elles méritoient
une réfutation. D'autres ont observé avec des yeux plus perçans
& moins prévenus des opinions
vulgaires, la composition des
differens terrains de notre globe.
Ils ont eu des lumieres; ils ont
semblé entrevoir la vérité : mais
parce que leurs regards étoient encore trop foibles pour en soutenir
l'éclat, elle leur a échappé. La nature sembloit s'offrir à eux sans
nuages; il ne leur restoit plus qu'à
faire un pas pour arriver au plus
secret de son Sanctuaire ; mais le
peu de succès de bien des recherches, n'a souvent que trop prouvé
que ce dernier pas est toujours le
plus long & le plus difficile à faire.

Il étoit donc réservé à Telliamed,

c

si nous l'en croyons, de percer le premier les derniers retranchemens, mordû où la nature semble s'être obstinée à s'envelopper dans ses mystéres, & de l'y forcer à nous révéler ses secrets. C'est lui, dit-il, qui nous donne sur l'origine & sur la nature de notre Globe, non de simples conjectures, comme plusieurs autres l'avoient essayé avant lui, mais des lumiéres sûres, fondées sur des recherches longues, pénibles & exactes, sur des faits certains & incontestables, sur des monumens existans & sensibles des grands principes de la vérité qu'il a découverte, & des conséquences qu'il en a tirées.

Ce qu'il y a d'étonnant, est que pour arriver à ces connoissances, il semble avoir perverti l'ordre naturel, puisqu'au lieu de s'attacher d'abord à rechercher l'origine de notre Globe, il a commencé par travailler à s'inſtruire de la nature. Mais, à l'entendre, ce renverſement même de l'ordre a été pour lui l'effet d'un génie favorable qui l'a conduit pas à pas & comme par la main aux découvertes les plus ſublimes. C'eſt en décompoſant la ſubſtance de ce Globe par une anatomie exacte de toutes ſes parties, qu'il a premiérement appris de quelles matiéres il étoit compoſé, & quels arrangemens ces mêmes matiéres obſervoient entr'elles. Ces lumiéres, jointes à l'eſprit de comparaiſon toujours néceſſaire à quiconque entreprend de percer les voiles, dont la nature aime à ſe cacher, ont ſervi de guide à notre Philoſophe, pour parvenir à des connoiſſances plus intéreſſantes. Par la matiére & l'arrangement de ces compositions, il prétend avoir reconnu quelle est la véritable origine de ce Globe que nous habitons, comment, & par qui il a été formé. De là, par des conséquences naturelles, il a crû pouvoir fixer en quelque sorte, non le premier instant de son existence, ce qu'il ne lui a pas paru possible d'exécuter par le raisonnement humain, mais celui où il a commencé d'être habitable, celui où il a commencé d'être peuplé & celui où il peut cesser de l'être; & il nous a exposé comme en perspective toutes les révolutions auxquelles, selon lui, non pas cette terre seulement, mais encore cette infinité de globes que renferme le vaste univers, doivent être sujets dans l'immensité des siécles.

On ne peut bien juger que par la lecture de l'Ouvrage même, combien un siſtême auſſi nouveau, auſſi ſingulier, auſſi lié & auſſi ſuivi, a dû coûter de méditations & de recherches. Peut-être ne ſera-t-il pas hors de propos d'en donner ici une courte analyſe. J'avertis ſeulement que mon deſſein n'eſt point de prendre aucun parti pour ou contre, & que par conſéquent tout ce qu'on pourra trouver dans cet extrait d'avantageux au ſiſtême du Philoſophe Indien, doit être regardé comme venant de lui, c'eſt-à-dire d'un Auteur fort prévenu en faveur de ſes idées.

Que tous les terrains dont notre Globe eſt compoſé, juſqu'aux plus hautes de nos montagnes, ſoient ſortis du ſein des eaux; qu'ils ſoient l'ouvrage de la mer, & que tous ayent été formés dans ses abîmes; c'est une proposition qui ne peut manquer de passer au moins pour très-paradoxe. Mais suivons Telliamed; avec le secours de ses recherches, ce Paradoxe deviendra, selon lui, une vérité.

A examiner de près, dit ce Philosophe, la substance de nos terrains, on n'y remarque rien d'uniforme, rien qui n'indique dans leur composition l'effet d'une cause aveugle & successive; des sables, de la vase, des cailloux mêlés, confondus, & liés ensemble par un ciment qui, en les unissant, a fait une masse de ces différens corps; des lits de ces matiéres appliqués les uns sur les autres, & gardant toujours le même arrangement, lorsqu'il n'a point été troublé par une cause étrangére & connuë. Si la mer forme dans son sein de pareils amas, composés de matiéres pareilles, affermis par le sel qui est propre à ses eaux, & qui leur sert de ciment, arrangés de même par lits & par couches, disposés dans le même sens, peut-on n'être pas frappé de cette convenance ? Mais si cette ressemblance s'étend jusqu'à la position de ces mêmes amas, si elle est la même dans le sein de ses flots que sur la terre, si là, comme ici, ils sont situés dans le même aspect & par les mêmes aires de vents, si dans les terrains apparens du Globe on remarque encore, comme dans ceux que nous cachent les eaux, des traces non suspectes du travail de la mer, & des assauts qu'elle leur a livrés en les abandonnant, qui osera se refuser à la vérité qui naît avec éclat dans cette découverte ?

Cette preuve si sensible de l'origine de nos terrains, ajoute-t-il, devient une démonstration par les corps étrangers qui se trouvent inserrés dans leur substance. On peut en distinguer de deux espéces différentes, qui toutes deux concourent à établir la même vérité. Les premiers sont des corps terrestres, des arbres, des feüilles, des plantes & des herbes, du bois & du fer, des reptiles même & des os de corps humains, qui se rencontrent dans le sein des pierres & des marbres les plus durs. Les autres sont des corps marins ; des coquillages de toutes les sortes, connus & inconnus, des coraux, des bancs d'huîtres, des arrêtes de poissons de mer, des poissons même entiers ou mutilés. Ces corps marins répandus sur la surface de la terre, ne sont pas en petit nombre, mais à l'infini; ils ne se rencontrent pas dans une seule carriére, placée peut-être sur les côtes. On en voit dans tous les païs du monde, dans les lieux les plus éloignés de la mer, sur la superficie des montagnes, & jusques dans le fond de leurs entrailles. Il y en a des monts entiers; & ces corps marins sont effectivement tels, malgré les mauvaises raisons de quelques sçavans, qui, aux dépens du bon sens, ont osé soutenir le contraire.

Or de ces deux espéces de corps étrangers insérés dans la substance de notre Globe, il résulte, selon Telliamed, une démonstration de son principe, que nos terrains sont l'ouvrage de la mer. En effet il est clair, dit-il, que ces corps terrestres ou marins n'ont pû pénétrer

d

dans ces maſſes où ils ſe trouvent aujourd'hui renfermés, que dans un tems où la ſubſtance de ces maſſes étoit encore molle & liquide; il n'eſt pas moins évident que ces corps marins ne peuvent avoir été portés que par les eaux de la mer, dans des lieux qui ſont à préſent ſi éloignés d'elle. Il eſt encore conſtant qu'iul ſe rencontre de ces corps étrangers, terreſtres ou marins, juſques ſur le ſommet de nos plus hautes montagnes. Attribuer ce prodige au déluge, c'eſt, ſelon notre Philoſophe, une opinion inſoutenable. Il faut donc convenir, dit-il, de cette concluſion auſſi néceſſaire que certaine; qu'il y a eu un tems où la mer a couvert les plus hautes montagnes de notre Globe; qu'elle les a couvertes pendant un aſſez grand nombre d'années ou de siécles, pour pouvoir les pétrir & les former en son sein; & qu'elle a diminué ensuite de tout le volume d'eau, qu'on doit supposer avoir été contenu depuis leur sommet le plus élevé jusqu'à sa superficie présente. Cette vérité, ajoûte-t-il, qui semble révolter d'abord, se confirme encore tous les jours par la prolongation actuelle de nos terrains, qui s'accroissent sous nos yeux & qui nous fait voir des ports qui se remplissent & qui s'effacent, tandis qu'il en paroît de nouveaux pour les remplace. Combien d'exemples l'Histoire ne nous fournit-elle pas de Villes que la mer a abandonnées & de Païs qu'elle a découverts ?

Les terrains apparens de notre Globe, sont donc incontestablement, ajoûte-t-il, l'ouvrage des eaux de la mer ; & puisqu'elle a diminué de toute leur hauteur, il est évident que la cause de cette diminution subsistant toujours, elle continuë encore à diminuer de même. De ce principe sort une lumiére, d'où Telliamed sçait tirer une foule de conséquences. En effet, dit-il, s'il est vrai que la mer diminuë, il ne l'est pas moins qu'il n'y a aucune impossibilité à trouver la juste mesure de sa diminution actuelle. Or en comparant cette diminution présente avec l'élévation de la plus haute de nos montagnes, ne pourra-t-on pas avoir de même la mesure du tems que la mer a employé à diminuer de toute cette élévation jusqu'à sa superficie actuelle, & sçavoir par conséquent le nombre des siécles qui se sont écoulés depuis que notre

Globe est habitable? En comparant encore cette sorte de diminution présente avec la profondeur actuelle de la mer, ne pourra-t-on pas aussi avoir la juste mesure de sa diminution future, & prévoir par conséquent le nombre des siécles nécessaires pour son épuisement total, peut être pour l'embrasement du Globe entier?

Car le Philosophe Indien ne s'est pas contenté d'avoir reconnu l'origine de la terre que nous habitons: les lumieres qu'il avoit acquises en étudiant cette matiére, l'ont conduit à d'autres découvertes aussi curieuses, & encore plus intéressantes. Le fond même de son système lui a fourni une preuve, qu'à mesure que ce globe existe, & que l'animation de tout ce qui a vie s'y continue, il se forme dans son sein même, des causes de l'anéantissement de cet esprit vital, qui doit y cesser un jour, & donner lieu à son embrasement. C'est ainsi à peu près, que pendant la durée de la vie, le corps humain acquiert & amasse ce qui doit être un jour le principe de sa destruction. Or de là par une conséquence assez naturelle, le Philosophe Indien a jugé, que la même chose arrivoit également dans tous les autres globes. En effet il a observé, qu'il y a un mouvement perpétuel dans cet Univers, quant à sa substance même, & qu'il se fait un changement continuel dans tous les globes dont il est composé; qu'il s'en remarque de très-considérables dans la Lune, comme dans le globe de la terre, & dans le corps même du Soleil, ainsi que dans les plus éloignées de nos Planètes ; qu'après avoir brillé à nos yeux pendant plusieurs siécles, certaines étoiles ont disparu totalement, & qu'au contraire, il s'en montre d'autres, que nous n'avions point apperçues jusques alors. Sur ces observations & sur quelques autres phénomènes qui se passent dans le Ciel, il a conclu, qu'au bout d'un certain tems les globes opaques deviennent lumineux, tandis qu'au contraire ceux-ci s'obscurcissent, & perdent entiérement leur lumiere ; que les uns & les autres ne sont pas même constans dans cet état de changement ; que par l'épuisement & l'extinction de l'esprit de vie dont ils sont pénétrés, ces globes devenus opaques s'embrasent & s'enflamment de nouveau; que cependant les nouveaux globes lumineux, lorsque la matiére qui leur servoit d'aliment est entierement consumée, retombent eux-mêmes dans leur premiere obscurité, & que ce cercle continuel de révolutions, se forme & se renouvelle sans cesse dans la vaste immensité de la matiére.

Tels sont les principes que Telliamed a conçus & développés dans les cinq premiers Entretiens de cet Ouvrage. Il est constant, parce que nous en avons dit, qu'il pouvoit en demeurer là; il le devoit même. La suite de son système n'exigeoit nullement qu'il expliquât, comment dans le passage de la lumiere à l'obscurité, les hommes & les animaux pouvoient se renouveller dans les globles bes. Il eût fait sagement de s'en remettre sur cet article aux soins de l'Intelligence suprême qui gouverne tout. Mais la démangeaison de raisonner si ordinaire aux Philosophes, n'a pas permis à celui-ci de se renfermer dans de justes bornes ; & pour pousser son système jusqu'où il pouvoit aller, il n'a pas craint d'outrer la matiére. C'est ce qui fait le sujet du sixiéme & dernier Entretien, qui n'a rien de moins singulier ni de moins original, que ceux dont il est précédé. Telliamed y suit toujours la même méthode, s'appuyant beaucoup plus sur des faits, que sur des raisonnemens. Il paroitra sans doute fort extraordinaire de voir sortir des hommes & des animaux du sein de la Mer : aussi le Philosophe Indien ne propose t-il ce sentiment, que comme une hypothése ; disons mieux, comme une folie. Cependant il faut convenir qu'il prouve d'ailleurs assez bien, que le passage de ce qui a vie dans l'eau à la respiration de l'air, n'est pas aussi impossible, qu'on se l'imagine communément; que la respiration devenue nécessaire aux animaux sortis de la Mer, n'est point une raison légitime & suffisante pour rejetter cette opinion ; & qu'elle semble fondée d'ailleurs sur grand nombre de faits, qu'on ne peut nier qu'assez difficilement, & qu'il n'est pas aisé d'expliquer dans le sentiment ordinaire. Quoi qu'il en soit, il y a lieu de croire, que parmi les Sçavans, plusieurs trouveront tout le systême du Philosophe Indien assez curieux & assez

singulier, pour mériter leur attention.

Il n'en est pas de même d'une autre sorte de personnes, à qui cette idée seule de nouveauté & de singularité, paroîtra peut être un juste sujet de condamner d a-bord cet Ouvrage. Je parle d'une espéce de gens, connu par ses scrupules & ses délicatesses excessi-ves sur le fait de la Religion ; & j'avoue qu'on ne peut trop respec-ter cet excès même de délicatesse, lorsqu'il est éclairé & guidé par la raison. Mais on doit convenir aussi que ce zéle excessif ne part quelquefois que d'ignorance & de petitesse d'esprit, comme il dé-génére assez souvent en faux pré-jugés, & en aveuglement grossier & ridicule ; (*a*) que sans donner

___

(f) Superstitio fusa per gentes oppressit omnium fe-

atteinte à la Religion, on peut hardiment attaquer les scrupules mal entendus, qui ne sont que l'effet d'une superstition inexcusable; & qu'autant qu'on doit montrer d'ardeur à soutenir les idées pures & saines que la premiere nous inspire, autant doit-on s'opposer avec force à la propagation des opinions insensées dont l'Autre est la source. Car on ne peut croire, combien l'erreur est subtile à s'insinuer dans l'esprit des hommes, combien elle a de pouvoir pour s'y établir, lorsqu'elle s'en est une fois emparée, & combien pour s'y maintenir, elle est

---

rè animos, atque hominum imbecillitatem occupavit. Nec veró superstitione tollendâ religio tollitur. Quamobrem ut religio propaganda etiam est, quæ est conjuncta cum cognitione naturæ, sic superstitionis stirpes omnes elidendæ sunt; instat enim, & urget, & quócumque te verteris, persequitur.
Cic. de Divin. lib. 2.

habile à s'accrocher à tout ce qui peut favoriser l'empire qu'elle y a usurpé. (g) Doit-on être surpris qu'elle se couvre souvent du manteau de la Religion, puisqu'il n'y en a point de plus respectable ?

Quoi qu'il en soit, ces sortes de personnes dont il est question, sont d'autant plus à redouter, que *quoi qu'on ait à leur donner de fort bonnes raisons, elles ont le privilége de ne se payer pas, si elles ne veules, de toutes les raisons qui sont bonnes.* (h) Or il n'est presque pas douteux, que sur l'apparence seule elles ne s'imaginent, qu'il y a du danger pour la Religion dans le système du Philosophe Indien ; &

(g) Les erreurs une fois établies parmi les hommes, ont coutume de jetter des racines bien profondes, & de s'accrocher à différentes choses qui les soutiennent. (Fonten. de l'Origine des Fables.)

(h) Préface de la Pluralité des Mondes.

que sur ce pied-là elles ne le traitent peut-être d'impie, d'athée & d'abominable. On pourroit leurs répondre en général, qu'on ne doit jamais condamner légérement ; & que s'il étoit permis de fonder un jugement sur des apparences, ou sur des conséquences souvent éloignées, il y a peu d'Ecoles Chrétiennes, peut-être peu de Peres de l'Eglise des plus anciens, qui fussent à couvert de la censure. Mais plus l'accusation pourroit être grave, plus elle mérite une justification dans les formes. Entrons donc en matiére & examinons sans prévention & sans préjugé, si, bien loin d'être opposé à la Religion, le système de Telliamed n'est point au contraire très-conforme aux idées les plus saines qu'elle nous fournit de la Divinité.

Dégageons-le d'abord de tout ce qui peut lui être étranger. De ce genre sont l'éternité de la matiere *ab antè*, & l'origine de l'homme, telle que le Philosophe Indien l'a imaginé. Il est évident qu'il ne soutient l'un & l'autre que comme de pures hypothéses; & on ne peut trouver mauvais qu'il ait pris cette liberté, tandis qu'elle est autorisée par l'usage constant de toutes les Ecoles. L'éternité de la matiére, quoique soutenue par quelques anciens Philosophes, est un dogme si absurde, qu'il est étonnant que dans un siécle éclairé comme le nôtre, des hommes qui veulent qu'on les croye gens d'esprit, sent chercher à s'en persuader.

A l'égard de l'origine de l'homme, ce que notre Philosophe en dit dans ce Traité, est une de ces folies qui peuvent passer dans une cervelle échauffée ; mais qui ne feront jamais impression sur l'esprit d'un homme sage. Pour ce qui est du déluge, il est inutile d'entrer ici dans la fameuse question, si réellement il a été universel, & si les paroles de la Genèse doivent s'entendre d'une inondation vraiment générale, qui ait couvert toute la terre. Telliamed paroît le nier en quelques endroits ; mais dans ces endroits-là même, il proteste qu'il lui est indifférent quel parti l'on prenne pour ou contre, & l'on voit qu'en effet les preuves qu'il apporte pour appuyer le sentiment opposé à l'universalité, réduites

duites à leur juste valeur, n'aboutissent qu'à quelques doutes. Que si sur ces différentes matiéres il propose certaines idées, certains raisonnemens, qui semblent combattre les articles révelés, il ne le fait que pour montrer qu'il n'est aucun objet sur lequel la raison humaine ne puisse former de grandes difficultés, ou des systèmes très vraisemblables, & qu'il y a des doctrines certainement vraies, qu'elle combat par des objections presque insolubles. Du reste, on doit se souvenir que même dans les Ecoles Chrétiennes, on met beaucoup de différence entre contester un dogme reçû, & contester quelques raisons alléguées pour prouver qu'il doit l'être. L'équité naturelle demande donc qu'on fasse grace au Philosophe

Indien sur ces trois articles, puisqu'en les traitant, il n'a point prétendu établir de sentiment particulier, & que d'ailleurs il n'a jamais passé les bornes observées par les plus ardens défenseurs de l'orthodoxie, qui se sont toujours maintenus en possession d'examiner les raisons dont on se sert, soit pour défendre les vérités de la Foi, ou pour réfuter les sentimens contraires.

De-là passons aux opinions que notre Philosophe a établies ou supposées dans son Traité, sans que cependant elles lui soient particuliéres. De ce nombre sont la pluralité des globes habités par des créatures de notre espéce, qui est la base du cinquiéme Entretien, & l'espéce d'éternité future qu'on attribue à ces globes dans ce même endroit; mais je ne pense pas que ce que Telliamed en a dit, puisse être un juste sujet de soupçonner sa Religion. Sans parler de Cyrano, connu par ses voyages imaginaires dans le Soleil & dans la Lune, on n'a point fait un crime à l'illustre Auteur des Entretiens sur la pluralité des Mondes, de l'ingénieux badinage avec lequel il a traité cette matiére; & si l'on a trouvé beaucoup d'ostentation & peu de solidité dans l'Ouvrage que le célébre Huygens a composé sur le même sujet, du moins ne s'est-on point avisé de le traiter d'impie ou d'athée. Aussi a t-on fait voir de nos jours (i) que ce sentiment n'est point nouveau, qu'il étoit connu dès les premiers tems du Christia-

---

(i) Mémoires de Littérature, Tome IX. Disse.t. qui a pour titre, (Sentimens des anciens Philosophes sur la Pluralité des Mondes.

nisme ; & que quoiqu'on ait attribué cette opinion à quelques Hérétiques (*k*), quoiqu'un Auteur du quatrième siécle la mette au nombre des Hérésies (*l*), elle a été soutenuë, du moins comme une possibilité (*m*), dans un Ouvrage composé exprès contre les Payens par un des plus anciens & des plus respectables Peres de l'Eglise.

On peut dire la même chose de l'éternité future de notre Globe, ou plutôt de tout cet Univers. Il est constant que l'Ecriture qui nous apprend que ce monde doit finir un jour, ne nous enseigne nulle

(K) S. Irenée l'attribue aux Valentiniens, (Adv Hæres. lib. 2.)

(l) Philastre Evêque de Brescc, Hæres. 65. Tom. II Bibl. P. P.

(m) Nec enim quia nous est creator, idcircó unus est mundus ; poterat enim Deus & alios mundos facere. (Athan. contra Gentes.)

part qu'en même tems il doive être anéanti ; que même en plusieurs endroits elle indique formellement le contraire (*n*) ; que les premiers Chrétiens ont été de cette derniére opinion ; qu'ils ont crû assez universellement, que l'embrasement général purifieroit seulement le monde, sans anéantir la matiére ; que les Peres de l'Eglise les plus fameux, les Origenes, les Augustins (*o*) ont pensé de même. Ce qu'on doit respecter dans les défenseurs

---

(*n*) Ecce enim ego creo Cœlos novos, & terram novam ; & non erunt in memoriâ priora. Isai. c. 65. v. 17. Et vidi cœlum novum, & terram novam. Primum enim cœlum, & prima terra abiit. Apocal. c. 21. v. 1. Novos verô cœlos, & novam terram, secundùm promissa ipsius expectamus, in quo justitia habitat. 2. Petr. c. 3. v. 3.

(*o*) Si mutabuntur cœli, utique non perit quod mutatur ; & si habitus mundi transit, non omni modo exterminatio, vel perditio substantiæ materialis ostenditur : sed immutatio quædam fit qualitatis, atque habitûs transformatio. (Origen. de Princ. lib. 1. cap. 6.) In litteris quidem legitur, Præterit figura hujusmundi ; legitur, Mundus transit ; legitur, Cœlum & terra

de la Foi, le condamnera-t-on dans un Philosophe.

De tout le fistême de Telliamed il ne reste donc que deux points capitaux, sur lesquels on pourroit peut-être fonder contre lui quelque accusation ; je veux dire, l'origine de notre terre telle qu'il l'établit, & la perpétuité du mouvement qu'il admet dans tous les autres Globes. Car lorsqu'on vous dit que ce Globe que nous habitons, est l'ouvrage des eaux de la mer, pour peu que vous soyez raisonneur, vous jugez d'abord que pour admettre cette proposition, il faut renoncer à l'histoire de la création telle que nous la lisons dans la Genèse ; & si vous faites encore un

---

transibunt. Sed puto quôd præterit, transit, transibunt, aliquantó mitius dicta sunt, quàm peribunt. (August. de Civ. Dei lib. 20. cap. 14.)

pas, vous vous croyez obligé de reconnoître la préexistance de la matière. Il en est de même de cette circulation éternelle de changemens, par le moyen de laquelle notre Philosophe prétend montrer que l'état de l'Univers peut se perpétuer de lui-même. On croit appercevoir que ce principe va d'abord à nier le concours actuel d'une cause intelligente & supérieure, & par conséquent à détruire la Providence. (p) Examinons donc ce qu'on doit penser de ces conséquences, en réduisant les choses à leur juste valeur, peut-être trouverons-nous que l'idée désavantageuse qu'on pourroit prendre de cet Ouvrage, n'est dans le fond

---

(p) C'est ce que S. Clement d'Alexandrie trouvoit à reprendre dans les tourbillons d'Anaxagore. (Stromat. l. 2. c. 4.)

qu'un épouventail, un vain phantôme, capable tout au plus d'effrayer des imaginations prévenues.

Commençons par l'origine de notre Globe. Il est visible d'abord que le sentiment de la préexistance de la matiére, tel qu'il est exposé ou supposé dans ce Traité, ne donne aucune atteinte à la Toute-Puissance du Créateur, & à la reconnoissance qui lui est dûë de la part de la Créature, pour l'Etre qu'elle a reçû de lui ; car que la création de la matiére ait précédé ou non de plusieurs siécles si l'on veut, l'arrangement actuel de cet Univers, ce que Telliamed suppose uniquement dans son sistême, Dieu n'en sera ni moins puissant, ni moins glorieux ; il n'en sera pas moins l'Auteur & le Créateur de toutes choses.

Il est vrai que ce sentiment n'est pas le plus généralement reçû, qu'il est opposé à la croyance commune, que l'univers est sorti du néant précisément dans le même état où nous le voyons, & qu'il semble combattre ce que les Livres saints nous enseignent sur l'origine du monde. Mais on sçait que Vatable, Grotius & plusieurs Sçavans ont soutenu que pour rendre exactement la phrase Hébraïque du premier verset de la Genèse, il falloit traduire : *Lorsque Dieu fit le Ciel & la Terre, la matiére étoit informe* ; ce qui établit clairement la préexistance de la matiére. Cette opinion, si elle n'est pas vraie, peut donc au moins être regardée comme probable ; & on ne peut disconvenir que la simple probabilité ne suffise pour fonder un sistême Philosophique. Il seroit même aisé de montrer que, si celui de Telliamed sur l'origine de la Terre, n'est pas absolument conforme à l'Histoire de la création, il n'y est pas du moins tout-à-fait contraire.

Que signifient en effet cette masse au commencement unie & informe, ces ténébres répanduës sur la face de l'abîme, cet esprit de Dieu porté sur les eaux, cette séparation des eaux d'avec les eaux, dont il est parlé dans la Genèse ? Quelles autres idées ces expressions portent-elles naturellement à l'esprit, que celles que notre Philosophe prétend nous donner, lorsqu'il nous représente ce Globe que nous habitons enseveli d'abord sous les eaux de la mer, qui animée par cet esprit de vie dont le Créateur l'avoit pénétrée, fabriquoit alors dans son sein nos terrains & nos montagnes. Ces eaux diminuerent ensuite de la façon que Telliamed l'explique dans son Traité: Leur surface s'abaissa, & nos plus hautes montagnes commençant à montrer leur tête au-dessus des flots, la Terre encore vierge & stérile donna bien-tôt après les premiéres marques de sa fécondité. Alors elle commença à se revêtir d'herbes & de la verdure nécessaire à la nourriture des animaux, dont ensuite elle se vit peuplée. L'homme fut le dernier ouvrage de la main de Dieu ; & en tout cela l'Ectiture & la Philosophie de notre Indien présentent à notre esprit les mêmes images.

On dira peut-être que, puisque la Genêse employe le terme de jour pour marquer le tems dans lequel le Créateur opéra toutes ces merveilles, on doit croire par une conséquence nécessaire qu'elles se sont en effet achevées dans l'espace de six de nos jours ou de six révolutions de notre Globe sur son centre. Mais il est constant par ce Livre même, que le Soleil ne fut créé que le quatrième jour, & que par conséquent on ne pouvoit auparavant compter ni jours ni nuits, d'où l'on peut conclure que ce terme de jours n'est employé en cet endroit qu'improprement, métaphoriquement & pour signifier la succession avec laquelle l'Intelligence suprême exécuta les différens ouvrages dont il y est parlé. Du reste la plus longue ou la plus courte mesure du tems que lui coûta cette formation de l'Univers, n'est nullement capable de rien ôter ni de rien ajoûter à sa puissance. Dieu n'en eût pas été plus grand quand il l'eût produit en un instant, ou pour me servir des termes mêmes de l'Ecriture, d'un seul *Fiat*. Aussi ni les six jours pendant lesquels, selon la Genèse, il travailla à sa production, ni un plus long espace de tems, tel que nous pouvons l'imaginer, suivant le sistême de Telliamed, ni ce que l'Ecriture nous apprend encore, qu'il se reposa le septième jour, comme s'il eût été fatigué de son ouvrage, ne diminuent rien de sa gloire. Il n'y a point de tems en lui; dans lui le passé & l'avenir sont indivisibles; & si Moïse a écrit qu'il employa six jours à créer le Ciel, la Terre & tout ce qu'ils renferment, ce peut être une façon de parler dont il s'est servi pour donner à entendre que toutes ces choses se sont faites succesivement.

A l'égard de la Providence, il s'agit de sçavoir ce qu'on doit entendre par ce terme; & si un ouvrage composé avec tant d'art, que sans y retoucher, sa destruction même fut le principe de son renouvellement, ne seroit pas la marque infaillible d'une sagesse beaucoup plus parfaite, plus puissante & plus attentive au bien de ceux pour lesquels cet ouvrage auroit été formé, que si à chaque instant on étoit obligé d'y mettre la main. Quelle comparaison feroit-on entre un Horloger, par exemple, assez habile pour composer une pendule si bien montée, que par le dérangement même que le tems causeroit dans ses parties & dans ses mouvemens, il se formeroit de

nouvelles rouës, de nouveaux reſ-
ſorts, des piéces mêmes qui auroient été uſées & briſées ; & un
autre dont l'ouvrage auroit beſoin
que chaque jour, à chaque heure,
à chaque minute, il fût attentif à
redreſſer ſes erreurs & ſes varia-
tions éternelles ? Ce dernier paſ-
ſeroit certainement pour un Ap-
prentif ſans expérience & ſans ſça-
voir ; l'autre ſeroit regardé comme un prodige.

Qu'il me ſoit permis de me ſer-
vir de cette comparaiſon, qui dans
le cas préſent n'a, je l'avoûë, de
fondement que dans les bornes
étroites de notre entendement &
de nos idées. Voilà préciſément la
queſtion qui reſte à décider entre
Telliamed & ſes adverſaires.

Ceux-ci nous repréſentent le
Créateur ſous l'idée d'un Artiſan

grossier & mal adroit en qui on ne doit avoir aucune confiance, dont l'ouvrage est si peu solide & si mal construit, qu'à chaque moment il menace ruine. L'Ouvrier a beau y remettre la main & employer toute son industrie pour redresser ses manquemens : Après une application constante & assidue, après bien des travaux réïtérés qui ne lui coûtent pas moins de peine que la production même, il n'est pas plus avancé que le premier jour, & ce sera toujours à recommencer pour lui jusqu'à ce qu'il prenne le parti de mettre fin lui-même à ses pénibles attentions, en détruisant de ses propres mains l'ouvrage de tant de soins & de tant de veilles. Je défie les défenseurs du concours les plus mitigés, d'oser dire que j'exagére dans la peinture que je fais
ici

ici de leur sentiment. Ne soutiennent-ils pas qu'à chaque action de la Créature, quelle qu'elle soit, l'intervention de la cause générale est absolument nécessaire, & que chaque instant de la conservation est une création nouvelle ? D'autres ont fait voir les conséquences terribles qui résultent de ce sistême ; il est inutile de m'y arrêter.

Le Philosophe Indien nous offre une image toute différente de la Divinité. Il nous la peint sous l'idée d'un Artiste habile, infiniment éclairé & Maître de ses vastes connoissances, qui dans la production de l'ouvrage qu'il a médité, employe tous les moyens propres à le rendre utile & durable. Le tems qui ronge tout, & la nature des choses humaines toujours sujettes à la vicissitude, ont beau apporter quelque changement à ce chef-d'œuvre de ses mains; ils ne pourront arriver à sa destruction. Ces dérangemens même qu'il a prévus devoit y arriver, serviront à sa conservation. Il se perpétuera par les mêmes voyes qui dans les autres sont le principe de leur ruine, & du sein de ses propres débris il sortira aussi parfait & aussi beau que dans le moment même de sa naissance.

Or de ces deux peintures laquelle nous donne une idée plus noble, plus sublime, plus divine de la Divinité? Quoi de plus propre à exciter notre reconnoissance & notre amour, que de la voir occupée de notre tranquillité, jusqu'à daigner nous épargner la crainte, que ses ouvrages abandonnés de sa puissante main, ne rentrent un jour dans le chaos d'où fa bonté pour nous les a tirés ? Quoi de plus glorieux pour elle, que d'avoir tellement formé ce monde que nous habitons, qu'en y conservant toujours à peu près le même nombre de Globes opaques & lumineux, la destruction des uns servît au renouvellement des autres, sans qu'elle fût obligée d'en produire de nouveaux ? Quoi de plus digne du Créateur que d'avoir établi un tel ordre dans la nature de cet Univers, qu'il portât en lui-même les principes de fa vie & de fa mort ; qu'animé par cet esprit de vie dont il l'a pénétré, il fût dans fa jeunesse l'Auteur de toutes les productions utiles & nécessaires à la subsistance des Créatures destinées à l'habiter ; qu'il vieillît ensuite par l'affoiblissement de ce même esprit;

qu'il s'embrasât par son extinction; & que par le retour de cet esprit vital, semblable au Phénix, on le vît renaître de ses cendres? Certes si la nature opére toujours avec épargne les plus grands desseins (*q*), peut-on croire honorer l'Auteur même de la nature, en l'assujétissant pour un dessein aussi petit par rapport à lui que la conservation de cet Univers à des attentions si pénibles & si continuelles?

On dira peut-être que ce principe tend à établir la Divinité oisive d'Epicure; & pour rendre odieuse l'opinion de Telliamed, on ne manquera pas sur l'original que fournit Ciceron (*r*) de faire de

---

(*q*) Entretiens sur la Pluralité des Mondes. 1. Soir.

(*r*) Neque enim tam desipiens fuisset Epicurus, ut homunculis similem Deum fingeret, lineamentis duntaxat extremis, non habitu solido, membris hominis præditum omnibus, non membrorum ne minimo quidem, exilem quemdamratque perlucidum, nihil cui-

cette Divinité une peinture ridicule : De là on conclura comme lui, qu'imaginer un Dieu de cette espéce, c'est en effet n'en reconnoître aucun. On pourroit répondre qu'à consulter même l'Orateur Romain, dans la comparaison, l'Idole insensible des Epicuriens valoit peut-être bien la Divinité inquiéte, à laquelle les Stoïciens donnoient tant d'occupations si peu dignes d'elle. Mais il n'est ici question ni des Stoïciens ni d'Epicure ; il suffit d'avoir montré que le sentiment de Telliamed sur la Providence, bien loin de donner atteinte à la bonté, à la sagesse & à la Toute-puissance de Dieu, est au contraire infiniment favorable

---

quam tribuentem, nihil gratificantem, omninò nihil curantem, nihil agentem. Quæ natura primùm nulla esse potest.

(Cic. de Nat. Deor. lib. 1.)

à ces divins attributs, que la raison & la Foi nous obligent de reconnoître dans l'Etre suprême.

On ne forcera pas sans doute aisément notre Philosophe à convenir que Dieu soit sans cesse occupé de la conservation de l'Univers, & qu'il y soit si attaché, qu'à chaque moment il ait besoin d'employer tous les efforts de sa puissance pour le maintenir. Du reste il reconnoîtra sans peine que l'ouvrage de la conservation est véritablement l'ouvrage de la main de Dieu; qu'il n'arrive rien dans le monde sans sa permission & conformément à ses Décrets éternels; & que de toutes les causes secondes, il n'en est aucune qui ne soit subordonnée à sa volonté toute-puissante. Les défenseurs du concours actuel ne se contenteront pas de cet aveu; mais la faute n'en est-elle point autant peut-être dans leur façon de penser, que dans celle de notre Philosophe? Peuvent-ils s'empêcher de convenir que les opérations de Dieu ne ressemblent en aucune manière à tout ce que peut imaginer la foiblesse de nos idées? Et sur ce principe, n'est-il pas évident qu'ils n'attribuent à la Divinité qu'une Providence purement humaine, une Providence bornée par des heures & par des instans, telle que nous pourrions la concevoir dans un homme sage? Une Providence aussi limitée & aussi imparfaite, une Providence qui ne va pas à moins qu'à faire Dieu auteur du péché, & à sapper tous les fondemens de la Religion & de la Morale (*a*),

(*a*) C'est ce qu'on a reproché aux disciples de Descartes & de Mallebranche.

n'est-elle pas infiniment indigne d'un Etre souverainement parfait? Peut-on mieux honorer cette Intelligence suprême qu'en la dégageant de l'asservissement où ces idées basses & rampantes semblent la réduire?

Si cependant il restoit encore quelque scrupule sur ces matiéres, permis à chacun de ne regarder ce que Telliamed en a écrit que comme un jeu d'esprit fondé sur des conjectures, sur quelques phénoménes, ou sur des conséquences fort éloignées de la solidité des preuves qu'il rapporte de la diminution de la mer. La protestation qu'il fait en plus d'un endroit de ne prendre aucun parti dans ces différends, & de ne soutenir son sentiment que comme une pure hypothése, ne laisse aucun lieu de douter

douter de la droiture de ses intentions & du peu de disposition où il a été de s'ériger en dogmatiste. On doit donc lire ses deux derniers Entretiens dans le même esprit, qui fait trouver de l'amusement à la lecture des agréables rêveries de Cyrano, & des ingénieuses fictions des Entretiens sur la pluralité des Mondes. Personne n'a fait un crime à ces Auteurs de ce qu'ils avoient écrit, & Telliamed attend de ses Lecteurs la même indulgence.

Voilà ce que j'ai crû pouvoir dire pour la défense du Philosophe Indien, sans prétendre pourtant le disculper, le justifier, & protestant que je ne regarde son sistême que comme tous les autres sistêmes des Philosophes anciens ou modernes, je veux dire comme une ingénieuse chimére. J'ajoûte une réfléxion qui ne peut manquer de faire impression sur l'esprit des personnes sages. Lorsque la Philosophie de Descartes parut, combien ne cria-t-on pas contre sa doctrine? à entendre les plus échauffés, elle n'alloit pas à moins qu'à détruire la Religion, qu'elle sappoit, disoient-ils, jusqu'aux fondemens. Cependant ce sistême si dangéreux est aujourd'hui adopté, soutenu, du moins en partie, par toutes les Ecoles Chrétiennes les plus orthodoxes : Pourquoi cela? Parceque dans l'esprit de certaines gens prévenus & peu éclairés, il suffit qu'une chose ait un air de nouveauté, pour être d'abord jugée pernicieuse. le tems lui ôte ce mauvais vernis, & elle devient moins suspecte à mesure qu'elle avance en âge;

disons mieux, à mesure qu'elle est mieux connuë. Ajoûtons que de nos jours on a mieux compris que jamais l'extrême différence qu'il y a, entre les dogmes de la Foi & les idées purement humaines. En effet on convient aujourd'hui assez généralement que la Religion & la Philosophie ont des droits très-distingués & une manière de raisonner qui leur est propre à chacune; que l'une est supérieure à la nature dont Dieu peut renverser les loix à son gré; & que l'autre est la science de la nature même dont le Créateur a permis que les Loix fussent soumises à nos recherches; que la Foi est au-dessus de la raison, & qu'au contraire, la raison est le flambeau qui doit nous éclairer pour arriver à toutes les connoissances naturelles.

Sur ce principe, qu'on regarde Telliamed comme un Philofophe qui n'a nullement prétendu compofer ici un Traité de Théologie. Qu'il lui foit donc permis de raifonner en Philofophe, & qu'on ne cherche dans fes Entretiens que des fiftêmes purement Philofophiques. Que ceux qui voudront s'inftruire de leur Religion, confultent tant d'excellens Ouvrages employés dans tous les tems à défendre fes droits contre fes plus redoutables Adverfaires ; fur-tout qu'ils ayent recours à la Tradition, & qu'ils s'en tiennent à ce que nos Péres ont penfé. A l'égard du Philofophe Indien, il protefte ici, qu'il n'a prétendu intéreffer que la raifon dans fon fiftême, & qu'on ne peut l'attaquer que par les lumiéres de la raiſon, ſi on veut lui rendre juſtice.

Cùm de Religione agitur, T. Coruncanium, P. Scipionem P. Scævolam Pontifices maximos, non Zenonem, aut Cleanthem, aut Chryſippum ſequor ; habeoque C. Lælium augurem eumdem ſapientem, quem potiùs audiam de Religione dicentem in illâ Oratione, quàm quemquam Principem Stoïcorum. Mihi unum ſatis erat, ità nobis Majores noſtros tradidiſſe. Sed tu auctoritates omnes contemnis ; ratione pugnas. Patere igitur, rationem meam cum tuâ ratione contendere. Cic. de Nat. Deor. Lib. 3.

PLAN

DU

SYSTEME DE TELLIAMED,

TOME PREMIER.

PREMIERE JOURNE'E.

Preuves de la diminution de la mer.
Fondement & origine de ce Systême.
Lanterne aquatique d'une invention singuliére.
Principes de ce systême.
Preuves de ce systême par la disposition de nos terrains

    Par leur composition.
    Par les corps marins dont ils sont semés.
    Par la forme de leur extérieur.

Nouvelles preuves de ce systême.
Pétrification de cailloutages.
Des pierres & marbres variés.

De la pierre de roche, & de tuf.
Des marbres ondés.
De nos grandes montagnes.
Etat Primitive de notre globe.
Raiſon de la diflérence qui ſe remarque dans la ſubſtance de nos montagnes.

DEUXIÉ'ME JOURNE'E.

Suite de la même vérité prouvée par les faits.
Corps étrangers trouvés dans la pierre, & dans le marbre.
Corps de bâtimens pétrifiés.
Os d'hommes, & d'animaux.
Cailloux, galets, & pierres de couleur différente.
Herbes & plantes.
Corps marins répandûs dans toutes les parties du globe.
Montagnes de coquillages, coraux, &c.
Champignons à doigt.
Bancs d'écailles d'huitres.
Si ces faits peuvent s'attribuer au déluge.
Villes de Lybie enſévelies ſous le ſable.
Suites futures de la diminution de la mer.
Comment nos terrains ont commencé à ſe découvrir.
De la prolongation actuelle de nos terrains.

Exemples de cette prolongation.

TROISIE'ME JOURNE'E.

Nouvelles preuves de la diminution de la mer.
Estimation de cette diminution.
Que les eaux de la mer ne diminuent point par un changement de place.
Qu'elles ne se sont point retirées dans le centre du globe.
Que la cause de leur diminution n'est point une effervescence.
Défectuosité de nos histoires.
Invention pour s'assurer du progrès de la diminution de la mer.
Exemples anciens de ces mesurages.
Estimation de cette diminution.
Difficulté de la fixer.

TOME SECOND.

QUATRIE'ME JOURNE'E

Examen de différens systêmes sur l'origine, & la nature des corps marins trouvés dans nos montagnes.

Systême sur l'origine de nos montagnes, & sa réfutation.

Réponse à quelques difficultés tirées de ce systême.

Dissertation de scilla sur le même sujet.

Que les corps marins trouvés dans les terres, ne sont point des jeux du hazard.

Réponse à quelques objections sur ce sujet.

Nouvelles preuves de scilla.

Sentiment de Langy, & sa réfutation.

Sentiment d'Omar.

Dernières preuves de la diminution de la mer.

Récapitulation des preuves de ce systême.

Usage qu'il peut avoir.

CINQUIEME JOURNEE.

Causes de la diminution de la mer ; conséquences de ce système par rapport à l'état passé, présent, & futur de l'univers.

Si la matière, & le mouvement sont éternels.

Système du mouvement général des globes.

Altérations, & vicissitudes auxquelles ils sont sujets.

Raison de l'inégalité des jours, & de la vicissitude des saisons.

Changemens arrivés dans l'état du Ciel.

De la nature du globe du Soleil.

De l'apparition des Comètes.

De l'entrée du globe de la terre dans le tourbillon du Soleil.

Du grand âge des premiers hommes.

Du renouvellement des Globes.

Origine des Volcans.

Incertitude du sort futur de la Terre.

De l'état des étoiles fixes.

Réfutation du sentiment d'Huygens sur la pluralité des Mondes.

Pensées diverses sur le même sujet.

SIXIE'ME JOURNE'E.

De l'origine de l'homme & des animaux, & de la propagation des espéces par les semences.

Plantes terrestres qui croissent dans la mer.
De l'origine des animaux.
De leur ressemblance avec certains poissons.
Facilité du passage de l'eau dans l'air.
Des oiseaux.
Des animaux terrestres.
Des Phocas ou veaux marins.
Des Chiens, ou loups marins.
De l'origine de l'homme.
Des hommes marins.
Des hommes sauvages.
Des hommes à queuë.
Des hommes sans barbe.
Des hommes d'une jambe, & d'une seule main.
Des Noirs.
Des Géants.
Des Nains.
Du passage des hommes de l'eau dans l'air.
Réponse à quelques objections à ce sujet.
Tradition des Chinois.
Qu'on peut passer de la respiration de

l'eau, à celle de l'air, (& viciſſim.)
Réponſe à quelques difficultés.
De la propagation des eſpéces par les ſemences.
Comment ces ſemences deviennent fécondes.
Conformité de ce ſyſtême avec la Genèſe.

F I N.

TELLIAMED,

OU

ENTRETIENS

SUR LA

DIMINUTION DE LA MER.

PREMIERE JOURNE'E.

Preuves de la Diminution de la Mer.

PUISQUE vous souhaitez, Monsieur, que je vous entretienne de l'opinion bisarre d'un Voyageur Indien, que je vis au Caire dans les années 1715. & 1716. je vais

A

m'en acquitter avec toute l'exactitude dont je suis capable. J'ai encore une idée si présente des choses singulieres que j'appris de lui, que je n'espére pas en obmettre les moindres particularités. Cet Etranger avoit pris confiance en moi, & croyoit m'avoir quelque obligation pour les petits services que je lui avois rendu en Egipte. Aussi ne fit-il aucune difficulté de s'ouvrir à moi, lorsque quelques jours avant son départ pour les Indes, je le priaï de m'instruire de son pays, de son nom, de sa famille, de sa Religion, & du motif de ses voyages. Voici à peu près le discours qu'il me tint à ce sujet.

Je me suis toujours défendu, Monsieur, de vous parler de ma religion, parce que cela ne peut être pour vous d'aucune utilité, & que tous les hommes étant naturellement prévenus en faveur de celle dans laquelle ils sont nés, c'est en quelque sorte les offenser, que d'en contredire les dogmes. Sur ce principe, & suivant le conseil de feu mon pere, j'ai évité toute ma vie d'entrer dans cette matiere, pour ne pas donner lieu à des disputes, dans lesquelles chacun se fait un point d'honneur & de conscience de soutenir son opinion, & qui n'aboutissent jamais qu'à des indispositions mutuelles. C'est pour cette raison, continua-t-il, que vous me dispenserez, s'il vous plaît, de satisfaire votre curiosité sur cet article. Je ne vous parlerois pas même de mes sentimens sur la composition des Globes, dont l'étude fait le sujet de mes voyages, si je n'avois reconnu en vous un esprit capable de triompher des préjugés de la naissance & de l'éducation, & propre à ne point s'effaroucher des choses que j'ai à vous dire. Peut-être vous paroîtront-elles d'abord opposées à ce qui est contenu dans vos livres : j'espére cependant vous faire avouer dans la suite, qu'elles ne le sont point en effet. Les Philosophes, (permettez-moi de me mettre de ce nombre, sans l'avoir trop mérité) trouvent rarement ces heureuses dispositions. Ils ne les ont pas même rencontrées dans les siécles & les Pays de liberté, où souvent il a été dangéreux pour quelques-uns d'avoir osé parler contre les opinions du vulgaire. D'ailleurs, ajouta notre Indien, vous avez beaucoup voyagé, vous avez parcouru les pays maritimes: les secrets de la nature ne vous semblent pas indignes de votre curiosité; vous avez apris à douter: tout homme qui sçait le faire a un grand avantage sur celui qui croit à l'aveugle, & sans vouloir examiner. Vous possédez donc, Monsieur, les principales dispositions nécessaires, pour entrer dans les observations que je vais faire. C'est ce qui me donne lieu d'espérer, que vous vous rendrez à l'évidence des preuves, que je vous apporterai de mon Système.

A l'égard de ma famille, de mon nom & de mon pays, ce que je puis vous en dire, est que je suis né d'un pere déja avancé en âge, lorsque je commençai à voir le jour, & dans un pays fort éloigné du vôtre. Mon nom de famille, auquel vous ne devez vous intéresser, que par l'amitié que vous avez pour moi & pour mon fils, est *Telliamed*. Mon pere, qui ne manquoit pas des biens de la fortune, avoit été élevé par mon ayeul dans l'étude des sciences, sur-tout de l'histoire naturelle qu'il avoit lui-même beaucoup cultivée. Mon pere eut soin de nourrir en moi la même inclination, qu'il avoit héritée de mon ayeul; & pour m'instruire d'autant mieux de la composition du globe que nous habitons, dont il avoit fait sa principale étude, il voulut bien tout âgé qu'il étoit, voyager & méditer avec moi. La mort qui me l'enleva trop tôt, ne lui permit pas de me perfectionner dans ces sublimes connoissances. Cependant la passion qu'il m'avoit inspirée pour elle, & le désir d'en faire part à mon fils, me rendent moi-même dans un âge déja assez avancé errant avec lui dans le monde.

Une observation que mon Ayeul avoit faite, & qu'il communiqua à mon pere, fut la cause d'une étude qui dura toute leur vie, & qui a fait la principale occupation de la mienne. La maison de mes ancêtres, que je posséde encore actuellement, est bâtie au bord de la mer, à la pointe d'une presqu'Isle très-étroite, & fort longue. Elle est couverte par une petite Isle formée par un rocher dur, & d'une figure parfaitement horisontale à la mer. Mon ayeul avoit remarqué dans sa jeunesse, ainsi qu'il l'assura à mon pere, que dans le plus grand calme la mer re-

Fondement & origine de ce Systême.

ftoit toujours supérieure au rocher, & le couvroit de ses eaux. Cependant 22 ans avant sa mort la superficie de ce rocher parut à sec, ou pour me servir de vos termes, commença à veiller.

Cet évenement surprit mon ayeul, & lui fit naître quelques doutes sur l'opinion généralement établie, que la mer ne diminue point. Il jugea même que s'il y avoit quelque réalité dans cette diminution apparente, elle ne pouvoit être que la continuation d'une diminution précédente, dont les terrains plus élevés que la mer porteroient sans doute, ou renfermeroient en eux des marques sensibles. Cette idée l'engagea à examiner ces terrains avec plus d'attention qu'il n'avoit encore fait; & il reconnut, qu'en effet on en trouvoit aucune différence entre les lieux éloignés de la mer & ceux qui en étoient voisins, ou qu'elle baignoit même encore, qu'ils étoient d'un même aspect, & qu'on y rencontroit, comme dans ces derniers, des coquillages de mer colés & inférés à leur superficie. Vingt sortes de pétrifications qui n'avoient entr'elles aucune ressemblance, s'offroient à ses yeux. Il en voyoit de profondes, & de superficielles, les unes d'une substance uniforme, d'autres de matieres diverses; des carrieres de pierre de taille, dure & tendre, de plusieurs couleurs, & de grain différent; d'autres de cailloux, ou de pierres rapportées, blanches, noires, grisâtres, d'un assemblage souvent bizarre; quelques-unes de marbre blanc, noir, de couleur d'agathe, rayé & non rayé.

Le principe d'une si grande variété dans les terrains, jointe aux lits divers en épaisseur & en substance, ainsi qu'en couleur, dont la plupart de ces carriéres étoient composées, embarassoient étrangement sa raison. D'un côté si ce globe eût été créé en un instant dans l'état où nous le voyons, par la puissance d'une volonté aussi efficace qu'absolue, il lui paroissoit que sa substance solide eût été composée d'une seule matiere, surtout qu'elle ne se trouveroit pas arrangée par lits posés les uns sur les autres avec justesse, même dans leur inégalité de substance & de couleur; ce qui dénotoit une composition successive, justifiée d'ailleurs par tant de corps étrangers, même ayant eu vie, insérés dans la profondeur de ces lits. Mais s'il falloit recourir à une autre origine de nos terrains, quoiqu'au dehors & au dedans de ces sortes de pétrifications il remarquât des traces presque infaillibles du travail de la mer, comment comprendre qu'elle eût pû les former, elle qui leur étoit alors si inférieure? comment se persuader qu'elle eût tiré de son sein des matériaux si divers, qu'il voyoit employés à leur construction?

Ces réflexions l'obligerent de retourner à ses rivages, pour voir si en méditant sur ce qui se passoit chaque jour, il lui seroit possible de lever ses doutes, & de découvrir la véritable origine du globe terrestre. Il s'imagina que tant de Sçavans, qui faisoient l'ornement de son siecle, n'étant presque tous occupés que d'études vaines & frivoles, il pouvoit bien employer ses jours à la recherche d'un objet aussi intéressant, que l'origine des terrains qui nous portent, où nos villes sont bâties, & qui fournissent à nos besoins. Dans cette vûe il parcouroit lentement les bords de la mer, tantôt à pied, tantôt sur un bâtiment léger avec lequel il les cotoyoit, souvent de de fort près, quelquefois à une distance plus éloignée, afin d'avoir sous ses yeux une plus grande étendue de terrain, & de pouvoir observer la disposition de toute une côte. Il s'arrêtoit pendant des heures entieres sur un rivage, & observoit sur une plage le travail des vagues qui venoient mourir à ses pieds, les sables, les cailloux que les flots y amenoient, selon le tems de leur calme ou de leur agitation. Tantôt il s'asseyoit sur le sommet des rochers escarpés, que la mer baignoit de ses eaux; & delà, autant que les fonds pouvoient le lui permettre, il considéroit ce qui s'y passoit de remarquable.

Sa principale étude étoit de reconnoître alors la disposition des terrains sous-aquatiques, le mouvement & le travail des eaux de la mer. Dans ce dessein il se faisoit accompagner de plusieurs habiles Plongeurs dont il se servoit, lorsque la profondeur des flots ne permettoit plus à sa vûe de distinguer les objets & la qualité des fonds. Ces Plongeurs étoient munis de bonnets de toile cirée avec des masques; & au haut de ces bonnets, garnis par le bas d'un coton épais,

B

qu'on ferroit au col avec tant de juſteſſe que l'eau ne pouvoit pénétrer, étoient attachées de longues trombes de cuir, au moyen deſquelles ils pouvoient plonger dans des endroits très profonds, & reſter ſous l'eau pendant pluſieurs heures. Ils portoient à la main chacun une bouſſole & un petit bâton pointu, au bout duquel flottoit une banderolle. En le plantant dans le fonds, ils reconnoiſſoient ſans peine le ſens & la force des courans; ils avoient auſſi la facilité de ſe promener ſous l'eau, lorſque la vaſe n'étoit point trop molle. C'eſt ce que mon ayeul faiſoit pratiquer dans les tems de calme au plus loin de la côte, dans les lieux où il étoit poſſible de trouver fond avec les trombes; & il le réiteroit pluſieurs fois au même endroit en des tems différens, & pendant des vents oppoſés. Par-là il reconnoiſſoit s'il y avoit de la variation dans les courans, & dans les obſervations différentes qu'il avoit faites ſur les mêmes lieux.

Comme il déſiroit d'être inſtruit de l'état des mers, où les Plongeurs ne pouvoient parvenir, ſoit à l'aide des trombes, ou avec le ſecours de leur haleine, il ima-

gina une machine, qui lui réuſſit en
perfection. Elle lui donna moyen de
continuer ſes découvertes, dans les endroits même les plus profonds, où aucune ſonde ne pouvoit arriver. Cette
invention eſt ſi ſinguliere, qu'elle mérite
que je vous en faſſe la deſcription.

 Il fit conſtruire d'un bois très-léger, mais très-fort, & aſſez épais, des ton‑ neaux étroits vers les fonds, & dont un des bouts ſe terminoit en pain de ſucre. Ces eſpeces de lanternes de ſept à huit pieds de hauteur, larges par le milieu de trois à quatre, avoient huit ouvertures. Les quatre moindres percées à diſtances égales, & diſpoſées en croix à la hauteur des yeux d'un homme, lorſqu'il étoit de‑ bout dans cette lanterne, étoient fermées avec juſteſſe par des châſſis garnis de criſ‑ taux. Les quatre autres d'un pied & de‑ mi de largeur, & de la longueur de trois, pratiquées au-deſſous des premieres, étoient bouchées par des cuirs lents & peu épais, colés & cloués au dehors ſur le bois du tonneau ; enſorte que ni par les unes ni par les autres, l'eau ne pouvoit pénetrer au-dedans. Les premieres é‑ toient deſtinées à faciliter au Plongeur,

Lanterne aquatique d'une inven‑ tion ſingu‑ liere.

B ij

lorsqu'il étoit descendu dans la mer avec cette lanterne, le moyen de considerer tout le fonds qui l'environnoit. Les autres servoient à rafraîchir par l'air toujours mêlé à l'eau, & transpirant par les pores des cuirs qui les fermoient, celui que la lanterne contenoit, & à rendre ainsi la respiration plus aisée. Ces peaux mollement tendues avoient encore un autre usage. C'étoit de se prêter au double mouvement de cette respiration, & de suivre celui d'un autre cuir cloué en bourse sur le fond interieur de la lanterne, lorsque le plongeur vouloit le pousser au dehors.

Pour l'intelligence de cet article, representez-vous, Monsieur, que dans l'épaisseur du bois qui formoit ce fonds, & qui étoit de deux pouces, on avoit pratiqué une ouverture carrée d'un demi-pied de diametre, couverte en dehors par une plaque de fer cloué sur le bois, & en dedans par ce cuir en bourse, dont je viens de vous parler. Entre ce fer & ce cuir, on avoit introduit dans l'ouverture d'un demi-pied en carré, un morceau de bois juste à cette ouverture, & de la même épaisseur que le fond. Ce morceau étoit suspendu dans le vuide qu'il remplissoit, à la distance de plus d'un pouce de la plaque de fer par un ressort qui y étoit attaché par un des bouts, & qui par l'autre étoit cloué sur le bois du fond. La lenteur du cuir dont il étoit couvert en dedans, & sa plus grande étendue que le carré, permettoient cette élévation. Ce morceau de bois faisoit ainsi ressort ; car à mesure qu'il étoit pressé, il s'enfonçoit dans son ouverture jusques sur la plaque à laquelle il répondoit, & il se relevoit d'un pouce & davantage, aussi-tôt que la pression cessoit, ce qui produisoit le même effet dans les cuirs cloués lentement aux côtés de la lanterne.

Au milieu de ce morceau de bois, on avoit encore ménagé une longue entaillure d'un pouce de largeur, répondante à une fente pareille qui se trouvoit dans la plaque de fer clouée sur l'exterieur de l'ouverture. Celle de la plaque étoit destinée à admettre un fer garni de barbes par ses côtés, & semblable à ceux dont on ferme vos cadenats. Celle qu'on avoit pratiquée dans le bois, un peu plus étroite de quelques lignes, servoit à resserrer ces barbes, & à les dégager des bords de la plaque. Voici quel en étoit l'usage.

A ce fer barbu étoit attachée une corde de quelques toises, qui par son autre bout tenoit à un boulet de pierre. Lorsqu'on vouloit se servir de la lanterne, après y avoir introduit le Plongeur, on attachoit au-dessous ce boulet de pierre, destiné à l'aider dans sa descente, en enfonçant ce fer dans l'ouverture pratiquée dans la plaque. Par cette disposition, lorsque le Plongeur vouloit revenir du fond de la mer au-dessus, il n'avoit qu'à presser du pied le morceau de bois contenu dans la bourse de cuir. Aussi-tôt les barbes de ce fer, qui le tenoient arrêté dans l'ouverture de la plaque, réunies à leur tronc, laissoient à la lanterne dégagée de son poids, & devenue beaucoup plus legere que le volume d'eau qu'elle occupoit, la liberté de remonter vers la surface de la mer.

Pour maintenir cette lanterne droite dans son retour en-haut, comme la pesanteur du boulet de pierre l'entretenoit dans sa descente, on avoit attaché au-dessous deux autres cordes garnies de plombs du poids d'environ cinq à six livres. Ces cordes étoient plus longues d'une toise, que celle à laquelle tenoit le boulet de pierre. Le fond superieur de la lanterne étoit garni d'un gros morceau de liege, se terminant en pointe, enfoncé & retenu sur ce fond par une broche de fer qui le traversoit. Au haut de cette broche, tenoit un anneau dans lequel on passoit une corde pour suspendre la lanterne à une vergue, à la poupe du vaisseau, ou au haut du mât de la chalouppe, lorsqu'on vouloit la mettre à la mer. En cet état, après y avoir introduit le Plongeur & attaché le boulet de pierre, on la descendoit dans l'eau jusqu'au liege. Là on la soutenoit pendant quelque tems, pour donner au Plongeur celui de se préparer, & de reconnoître si la lanterne ne faisoit point eau. Dèsqu'il avoit fait signe que tout étoit en ordre, on le laissoit couler bas, soit en coupant la corde, ou en la laissant filer par l'anneau.

Je vois, dit en cet endroit notre Philosophe, dont les yeux se trouverent alors attachés sur les miens, que vous desirez sçavoir si en ces occasions nos Plongeurs n'ont jamais essuyé de danger de la part des monstres marins, ou s'ils n'en

ont

ont pas vû d'une forme extraordinaire. Les poiſſons, continua-t'il, ſont rares dans les mers profondes & éloignées des terres qui leur fourniſſent leur nourriture. Les Plongeurs ont ſeulement rencontré aſſez frequemment des animaux rampans ou marchans dans le fond de la mer, de figure approchante de ceux qui rampent ou marchent ſur la terre. Si quelques poiſſons ſe trouvoient ſur leur route, ils s'éloignoient avec vîteſſe, plus étonnés ſans doute de voir dans les abîmes qu'ils habitoient, un prodige ſi nouveau, que du bruit de quelques ſonnettes attachées autour de la lanterne, que l'air faiſoit mouvoir ſans interruption dans ſa deſcente & dans ſon retour.

Mon ayeul nottoit ſur le champ tout ce que ſes Plongeurs avoient decouvert, ainſi que la qualité & la couleur de la vaſe, que les plombs rapportoient du fond. Il ne craignoit pas même de deſcendre quelquefois en perſonne dans la mer pour aller s'éclaircir par ſes propres yeux, ou ſur des doutes qui lui reſtoient, ou ſur des choſes extraordinaires, dont les Plongeurs ne pouvoient l'inſtruire. Sur ces recherches & ſur les deſſeins qu'il

faiſoit

faifoit tirer des fonds reconnus, il dreſſoit des cartes, ſurtout lorſque ces reconnoiſſances ſe faiſoient dans le voiſinage des côtes; & ſur ces cartes étoient marquées exactement le ſens & la force des courans. Les Plongeurs reconnoiſſoient ces courans à la faveur d'un petit ruban rouge ou verd d'une aulne ou deux de longueur, attaché au haut de la lanterne, que les courans faiſoient mouvoir plus fort ou plus foiblement, ſuivant qu'ils étoient plus forts ou plus foibles.

Après ce travail, mon ayeul comparoit l'état des fonds de la mer avec celui des terres qui y répondoient, afin de reconnoître le rapport qu'il pouvoit y avoir, ſoit dans leur conformation, ou entre les courans & les vents ordinaires aux côtes voiſines, dont il avoit un ſoin extrême de s'informer. Il obſervoit de même, ſi dans le fond de la mer il ſe trouvoit des enfoncemens répondans aux golfes des terrains voiſins, ou au contraire des élévations à la ſuite des caps; ce qui arrivoit preſque toujours. Il s'arrêtoit long-tems ſur les Iſles & ſur les rochers des côtes qu'il viſitoit, & delà il conſidéroit à loiſir ce qui ſe paſſoit dans les tems de tempête & de calme, non-seulement à leurs propres rivages, mais encore à ceux du Continent voisin. Son but étoit de pouvoir mieux juger par le travail actuel de la mer, si réellement elle avoit formé ces terrains divers, qui sembloient n'avoir été élevés que pour lui servir de barriere. Il employa à cette étude près de deux ans, pendant lesquels il visita au levant & au couchant de sa maison l'étendue de cent cinquante lieues de côtes, qui couroient de l'Est à l'Ouest, ainsi que le fond des mers voisines; & sur ces recherches pénibles il fit les observations suivantes.

Principes de ce Systême.

Que la mer renfermoit des courans presque dans toute son étendue : qu'il y en avoit de généraux, c'est-à-dire, de considérables, allant d'une partie du globe à l'autre, par exemple, du Nord au Sud, ou de l'Est à l'Ouest, ou au contraire : que quelques-uns étoient alternatifs, & se replioient en eux-mêmes après un certain espace de tems comme le flux & reflux de la mer, & cela dans le voisinage des côtes & dans de grands golfes : que d'autres étoient continuels, & sans autre variation, que le plus ou le moins de rapidité durant leur cours : qu'il y en avoit de propres à certaines côtes ; & qu'ils étoient aidés ou contrariés, tantôt par les vents, quelquefois par une mer supérieure favorable ou opposée.

Qu'un courant en rencontrant de front un autre qui lui étoit contraire, comme cela arrivoit souvent, il se faisoit entre eux le même combat qui se forme entre les eaux d'un fleuve & celles de la mer, lorsqu'elles viennent à se choquer : qu'il s'en ensuivoit aussi le même effet ; c'est-à-dire, que dans le point de leur jonction il s'élevoit une barre composée des matieres dont ces courans étoient chargés, & des amas de sables ou de limon d'autant plus hauts & plus durs, que ces courans avoient plus de largeur & de force, & que la mer étoit plus profonde.

Qu'il y avoit encore des courans qui se croisoient l'un l'autre, en se rencontrant de travers : que le plus fort coupoit alors le plus foible, dont il terminoit ainsi le cours, arrêtant à ses côtés les matieres que charioit son adversaire ; ce qui formoit souvent une suite de montagnes, quelquefois même double, lorsqu'un

courant puissant & rapide en séparoit
deux opposés, & les laissant à sa droite
& à sa gauche, continuoit sa route entre
les dépôts de leurs matieres, comme dans
une profonde valée.

Que les eaux de la mer, quelque claires qu'elles paroissent, étoient toujours
chargées de quelques matieres, qu'elles
enlevoient en certains endroits, & desquelles elles se dépouilloient en d'autres :
qu'elles en amassoient à proportion de
la rapidité de leurs courans, & de la
disposition des fonds par lesquels ils pas-
soient, ou par des hasards survenus durant leur route.

Qu'en passant par des lieux étroits,
les courans les minoient & emportoient
avec eux leurs matieres, comme on voit
un fleuve resserré entre ses bords, ou qui
dans sa rapidité rencontre un fond de peu
de profondeur ou de solidité, l'user &
se charger de ses dépouilles : qu'après
avoir épuisé la matiere de certaines couches, ou de certains terrains, qu'eux-
mêmes ou d'autres avoient formés, ces
courans rencontrant d'autres terrains de
qualité & de couleur differentes, dont
ils se chargeoient successivement, alloient

composer ailleurs des arrangemens de ces mêmes matieres.

Que lorsqu'il survenoit de grandes tempêtes dans les lieux d'où ces courans partoient, où par lesquels ils faisoient leur route, ce qu'ils détachoient de certains fonds, les coquillages & les poissons qu'ils tuoient ou brisoient, les arbres, les plantes, les feuilles d'arbres que les rivieres & les torrens entrainoient dans le sein des Mers, où ces courrans se trouvoient, que tout cela étoit également voituré par eux, & déposé, partie dans leur route même, lorsque moins resserrés par la disposition des lieux de leur passage, ils couloient plus lentement, partie dans les lieux où ils se terminoient : que ces derniers endroits étoient toujours des amas de sables ou de limons cachés dans le fond d'une mer qui les couvroit encore, ou d'autres amas semblables qu'elle ne cachoit plus, tels que les rochers, les isles, les bancs ou les continens apparens aujourd'hui de notre globe.

Que lorsque ces courans abordoient à ces côtes, ils y rencontroient des materiaux d'une autre espece, qu'ils employoient de même dans leurs fabrications differentes, suivant la diversité des matieres, & la disposition des lieux où ils les arrangeoient.

Que vers les embouchures à la mer des fleuves, des rivieres & des torrens, il se formoit en son sein des barres ou des amas composés, les uns de sable, de gravier & de cailloux, les autres de limons & de boues diverses en couleur & en quantité, selon la qualité de celles que les eaux des rivieres voisines y charioient avec elles : que ces petites montagnes étoient plus fermes, lorsqu'elles n'étoient composées que de limon ou de boue : que ces dernieres renfermoient beaucoup d'herbes, qui s'arrêtant à leur superficie, étoient ensuite ensévelies par de nouveaux limons, qui survenoient aux premiers : que par la mollesse de leur substance, elles étoient sujettes à être mues, & leurs lits exposés à être dérangés ou confondus, puisqu'après de grandes tempêtes, après quelque débordement des fleuves, au voisinage desquels ces amas se formoient, les Plongeurs & mon ayeul lui-même en avoient souvent trouvé la forme précédente changée, applatie ou allongée.

Qu'aux plages de peu de profondeur, la mer rouloit & portoit vers le rivage, jusqu'au plus loin qu'il lui étoit possible, tout ce que ses eaux rencontroient : que dans les plages couvertes par des isles ou par des rochers, qu'elle pouvoit briser, dans les golfes dominés par quelques rochers, dont les débris tomboient dans des fonds de sable, où des fleuves & des torrens rapides aboutissoient, entraînant avec eux des pierres, des cailloux, du gravier, du sable, la mer après les avoir reçus, les rapportoit à ses rivages, les rouloit, les frottoit long-tems ensemble, & par ce moyen les arrondissoit : qu'elle les plaçoit enfin de maniere, que les vagues n'avoient plus de force pour retirer avec elles les cailloux, sur lesquels le peu d'eau qui restoit, ne lui laissoit enfin que la liberté d'ajouter quelque gravier, ensuite du sable sur ce gravier : que cette augmentation n'alloit pas même fort loin, puisqu'après une épaisseur peu considerable, le sable restoit à sec, d'abord dans le tems de calme, ensuite en tout état de la mer.

Qu'au contraire, lorsque les plages étoient opposées à une mer vaste, elle n'apportoit à ses rivages que quelques coquillages avec du sable & de la vase, selon la substance des fonds qu'elle venoit de parcourir.

Qu'au pied des rivages escarpés il se formoit de nouvelles montagnes composées, tantôt de plus grosses pierres, quelquefois de plus petites, suivant la nature de la pierre des lieux superieurs, que les injures des tems brisoient, & qui tomboit dans la mer : que parmi ces pierres, grandes & petites, il s'en trouvoit souvent d'une couleur & d'une qualité differente, que le hasard y avoit amenées de loin ; & que ces pierres étoient unies ensemble par la vase ou le sable dans lesquels elles étoient tombées, ou que les eaux de la mer avoient depuis inserés entr'elles : qu'il ne se rencontroit de matieres ou de pierres étrangeres dans ces amas, que lorsque le fond de la mer étoit de sable : qu'au contraire on n'y en voyoit presque point, lorsqu'il étoit de vase, la mer ne pouvant dans ce dernier cas rouler de ses fonds des matieres vers ses bords parce qu'elles étoient retenues dans leur route par la mollesse de la vase, où elles s'enfonçoient.

Qu'au

Qu'au pied des côtes escarpées où la mer étoit profonde, le fond étoit toujours de vase, ses eaux repoussées par les rochers, & se repliant en elles-mêmes, ne pouvant y rien voiturer de pesant : que cette vase étoit teinte par les eaux qui tomboient des montagnes dans les tems de pluye, & qui retenoient la couleur des terres qu'elles entraînoient avec elles, jaunes quelquefois, rouges ou diverses selon l'impression qu'elles recevoient de la nature des arbres, de leurs feuilles ou de leurs fruits, des plantes, des herbes & de tous les autres corps que ces terres produisoient, qui périssoient dans leur sein, ou qui s'y mêloient.

Qu'à l'égard des rivages de pierre ou de roche, qui n'étoient point escarpés, mais raboteux, & que la mer abordoit par un fond à peu près semblable, elle les battoit presque toujours avec douceur, à cause des divers rochers dont sa route étoit semée, & qui rompoient la force de ses vagues : qu'elle apportoit alors avec elle du sable, de petits cailloux, des coquillages divers & nombreux, une infinité d'impuretés & de corps de peu de pésanteur, qu'elle arrachoit, en passant par un fond embarrassé : qu'elle augmentoit de ces matieres, les rochers de son rivage ; & qu'ils se grossissoient encore de la dépouille des poissons & des coquillages, qui se plaisoient en ces endroits, & lesquels attachés aux pierres qui s'y formoient, vivoient des immondices que la mer rouloit avec elle.

Mon Ayeul avoit trouvé dans les fonds de peu de profondeur, & en des lieux où se rencontroient des rochers de sable endurci, enduits pourtant de vase, certains coquillages inconnus ou très-rares sur les côtes. Ceux dont les poissons étoient encore vivans, pouvoient à peine s'arracher du rocher ; & ceux dont les poissons étoient morts, étoient tellement enfoncés dans la vase, dont plusieurs même étoient remplis, que par ces dispositions il étoit facile de reconnoître, pourquoi on n'en voyoit jamais, ou du moins fort rarement sur nos rivages.

Preuves de ce Systême, par la disposition de nos terrains. Après ces differentes connoissances, il ne s'agissoit plus que d'en faire l'application à l'état present de nos terrains, & de confronter à leurs compositions, ce qui se passoit dans la mer, ou sur ses bords. Dans ce dessein, mon Ayeul visita pendant quelque tems les montagnes des environs de sa maison & de la côte, pour en reconnoître de près l'exterieur & la disposition qu'il n'avoit considerés d'abord que d'assez loin, & seulement des bords de la mer ou du bateau, avec lequel il les parcouroit. Il en examina une assez longue étendue, s'arrêtant tantôt sur leurs sommets, ensuite à mi-côte, enfin dans les vallées les plus profondes, afin de pouvoir les considerer de tout sens & en toutes manieres, souvent les unes après les autres, quelquefois toutes ensemble. Enfin après des recherches réiterées, il demeura persuadé, que leur exterieur & leur aspect ne differoient en rien de ceux des élevations & des vallées, que la mer couvre encore à la suite de celles qui s'offrent à nos yeux ; & que ces montagnes étoient arrangées sur la terre par les mêmes aires de vents, que celles qu'il voyoit renfermées dans le sein des flots.

Par leur composition.

Les sens des couches qui composoient les unes & les autres, & qui se répondoient parfaitement, la conformité mê-

D ij

me des matieres dont ces couches étoient formées, en furent pour lui une nouvelle démonstration. Il avoit observé dans la mer de pareils lits se former des dépôts de sable ou de vase, qui s'arrangeoient les uns sur les autres d'une maniere presque toujours horisontale. Quelquefois cependant le sens de ces lits varioit, lorsque par la disposition des fonds, les courans chargés de ces matieres étoient obligés de s'abaisser ou de s'élever contre eux, faisant alors leurs couches suivant la tortuosité du terrain, mais toujours d'une épaisseur égale. Or c'est ce qu'il remarquoit le plus ordinairement, surtout à l'exterieur des montagnes escarpées. Il en trouvoit d'autres qui n'étoient point formées par lits; & il reconnoissoit encore dans cet ouvrage les amas de matieres differentes, qu'il avoit vû se former dans le sein des flots vers les embouchures des rivieres & des torrens, ou au pied des côtes escarpées.

Par les corps marins dont ils sont semés

Le nombre prodigieux de coquillages de mer de toute espece, cimentés à l'exterieur de l'une & de l'autre de ces congelations, depuis les bords de la mer jusqu'au plus haut de nos montagnes, ainsi qu'on le remarque à ses rivages & dans les lieux qui en sont voisins, ne lui parut pas une preuve moins convaincante de leur fabrication dans le sein de celle où ces poissons naissent, vivent & meurent. Des bancs considerables d'huitres qu'il rencontra sur certaines collines, d'autres qui lui parurent inserés dans la substance même des montagnes, des monts entiers de coquillages placés sur le sommet & au milieu d'autres collines de pierre ordinaire, des vallées qui en étoient entierement semées à la hauteur de plusieurs pieds, des coquillages de mer sans nombre, sortant de la substance des montagnes que le tems avoit minées, tant de corps marins qui s'offroient à ses yeux de toutes parts, lui representoient la juste image de ce qu'il avoit observé dans le sein de la mer même. C'étoit pour lui une démonstration si forte de l'origine de nos terrains, qu'il lui sembloit étonnant que tous les hommes n'en fussent pas convaincus.

Il ne voyoit rien dans tout leur extérieur, qui ne lui apprît la même vérité. Les marques des attaques que la mer leur avoit livrées dans sa fureur, après les avoir formés, gravées profon-

Par la forme de leur extérieur.

dément en cent endroits efcarpés de ces montagnes ; des amphithéâtres travaillés par elle dégrés par dégrés fur leur penchant, felon ceux de fa diminution qui par-là s'y voyoit tracée ; des coraux qu'elle y avoit laiffés attachés, après leur avoir donné naiffance & les avoir nourris dans les lieux mêmes où ils fe trouvoient pétrifiés ; des trous de vers marins, qui ne vivent que dans fes eaux, & qui fe rencontroient imprimés fur plufieurs rochers, étoient encore pour lui des affurances non douteufes de l'origine de nos montagnes, & de leur ancien état.

Les hauts & les bas entre lefquels elles font partagées, furent enfin pour lui une derniere preuve, qui ne lui permit point de douter qu'elles ne fuffent le même ouvrage, que la mer formoit encore chaque jour dans fon fein, en fe faifant des routes au travers des limons & des fables qu'elle éleve à la jonction de deux courans oppofés, ou qui fe coupent. C'eft ainfi qu'on voit les eaux de rivieres, après avoir élevé des barres à leurs embouchures compofées des matieres dont elles étoient chargées, percer ces mêmes barres, en les abaiffant dans certains endroits, lorſqu'elles ont beſoin d'un paſſage plus libre & plus ouvert. Il y a cependant cette différence entre les amas de matieres que la mer renferme en ſon ſein, & ceux que les rivieres forment à leurs embouchures, que ceux-ci ne s'endurciſſent jamais aſſez, pour ne pouvoir être ſubjugués par les eaux qui les ont accrus. Ceux au contraire qui ſont nés dans la mer, ſe pétrifiant au bout d'un certain tems, la ſubjuguent enfin elle-même & la dominent. C'eſt par-là qu'elle ſemble aujourd'hui ſoumiſe à tous ces terrains qui lui ont réſiſté. Ils conſervent cependant toujours la forme des paſſages, que ſes courans s'étoient ouvert dans le tems de la molleſſe de leur matiere, & que ſon flux & reflux avoit long-tems entretenus, lorſque les baignant encore, tantôt il s'élevoit entre les ouvertures que les flots avoient pratiquées, & enſuite les abandonnoit. C'eſt ce qui ſe remarque juſqu'ici ſur les côtes en une infinité d'endroits, qui ne différent en rien par leur conformation d'avec ceux qui en ſont déja éloignés.

Après ces notions générales de la ſu- *Nouvelles preuves de ce Syſtême* perficie de nos terrains, & de quelques parties de leur intérieur, qui se decouvrent aux yeux dans quelques endroits escarpés, ou minés par des torrens, mon ayeul résolut d'en faire une anatomie exacte, en commençant par leur extérieur, pour passer ensuite au plus profond de leurs entrailles. Il entama ce nouveau travail par les lieux les plus voisins de sa maison. Je puis dire à cette occasion, que si la nature avoit placé sous ses fenêtres un rocher d'une forme si particuliere, qu'il sembloit avoir été fait, pour enseigner aux hommes la diminution insensible que la mer souffroit chaque jour, les environs lui en offroient tant d'autres preuves, qu'il étoit naturel de penser que ce tout ne pouvoit être l'effet du hasard. C'étoit sans doute l'ouvrage de quelque heureux génie, s'il est permis à un Philosophe d'user de ces termes, qui sembloit avoir pris à tâche de nous convaincre par ce racourci de la maniere dont s'est formé ce globe entier que nous habitons ; comme si par-là il eût eu dessein de suppléer à la mémoire des faits, ou aux écrits que le tems à abolis, & qui auroient pû nous en instruire.

Dans

Dans ces différens endroits mon ayeul trouva de toutes les espéces de pétrifications superficielles aux montagnes, que la nature a placées ailleurs en des lieux fort distans les uns des autres. Une des premieres qui le frappa, fut une composition de pierres, de cailloux, de bois & de beaucoup d'autres matieres que vous appellez cailloutages, qui ont souvent de l'étendue, mais toujours très-peu de profondeur. Il observa que cette nature de pétrification ne se rencontroit guéres, que dans des endroits presque unis, ou du moins sur des penchans insensibles. Ensuite comparant ces compositions à l'ouvrage qu'il avoit vû faire à la mer sur ses plages, & où elle pouvoit rouler librement de son sein des pierres & des cailloux, il reconnut que ces lits de cailloutages étoient placés précisément dans des terrains, dont la disposition ne differoit nullement de ceux, où la mer formoit chaque jour des amas semblables. Enfin examinant la composition de ces lits de cailloutages, il vit qu'elle renfermoit absolument les mêmes choses que la mer apportoit à ses rivages ; & pour qu'il

Pétrifications de cailloutages.

E

ne manquât rien à une preuve parfaite, que l'un venoit de l'autre, il rencontra dans l'assemblage des matieres qui formoient ces cailloutages, diverses coquilles & arrêtes de poissons. Il reconnut même, que le sable dont ce tout étoit lié ensemble, étoit de même nature & de même qualité que celui de la mer voisine; ensorte qu'il ne lui fut pas possible de douter, que cette nature de pétrification ne fût un effet précedent de l'ouvrage actuel de cette même mer sur ses plages.

Il fut encore confirmé dans ce sentiment par un lit de sable dur & de pierre unie de très-peu d'épaisseur, dont ces lits de cailloutage sont ordinairement couverts. Il reconnut que cette couche supérieure étoit le dernier ouvrage de la mer venant mourir sur ces amas, & n'y portant plus que du sable, qui se trouvoit mêlé de coquillages. Ces amas jouissant d'un parfait repos par la retraite des eaux de la mer, avoient enfin contracté cette extrême dureté & cette liaison qu'ils n'avoient point, tandis qu'ils étoient encore agités par ses vagues. Mon Ayeul trouva cette espéce de pétrification dans des lieux fort éloignés de la mer, même sur le sommet de certaines collines très-élevées ; ce qui fut pour lui une démonstration certaine, que la mer étoit arrivée jusques-là, & qu'après y avoir séjourné, & travaillé long-tems à l'amas de ces matieres, ses eaux avoient baissé de toute la hauteur de ces collines jusqu'à sa superficie présente.

Le cailloutage est fréquent aux environs de votre Ville de Marseille. Un lit de cette espéce, de cinq à six pieds d'épaisseur, couvre toute la plaine que vous nommez de Saint Michel ; & sur celui-là est posé un autre lit de pierre unie, fort peu épais, provenant du sable que la mer y a laissé, en venant mourir sur cette plaine. Les nouveaux murs de Marseille sont bâtis de ce cailloutage, dans lequel j'ai souvent remarqué des morceaux de terre cuite : on en trouve aussi des veines dans presque tous les chemins, qui conduisent aux agreables métairies dont son terrain pierreux est semé. C'est ainsi que la nature semble avoir pris plaisir à mettre jusqu'au milieu de cette ville, qui doit sa réputation & ses richesses à la mer, cette preuve sensible & non équivoque, que le rocher sur lequel elle est bâtie, a été formé dans son sein.

Ces lits de pierres rapportées, insérés entre deux couches de pierre unie, n'ont point été formés des cailloux & des pierres, que les torrens des montagnes voisines pourroient y avoir entraînés, puisque ce monticule en est séparé de tous côtés par des vallées. La mer seule surnageant encore à ce mont, dont le sommet étoit disposé à les recevoir, les y a élevés avec ses vagues du côté du Nord-Ouest par un terrain un peu plus bas. Elle seule a pû les y amener, comme vous le jugerez aisément à votre retour par la considération des lieux, si vous ne les avez pas actuellement assez présens à votre imagination, pour comprendre ce que j'ai l'honneur de vous dire. Une des arcades des aqueducs qui portent de l'eau à Marseille, est posée sur un pareil lit de cailloutages, vis-à-vis la porte appellée d'Aix: il y en a du côté de Saint Victor de très-remarquables, par le travail que l'on a fait dans ce sol pierreux pour y pratiquer des rues. Les torrens & les rivieres peuvent bien à la vérité former de pareils amas : il s'en fait aussi de semblables sur le penchant des montagnes & à leur pied, des pierres & des cailloux qui roulent de leur sommet. Mais ces assemblages n'ont aucune consistance, parce que la terre dont ces matieres sont liées ensemble, ne se pétrifie point comme le sable salé de la mer. Que s'il se trouve du sable mêlé dans les amas que forment les torrens & les rivieres, qui peuvent composer un tout plus dur, il ne s'y rencontre point du moins d'arrêtes de poissons, ni aucun coquillage de mer.

Une seconde espéce de congélation superficielle aux montagnes, ou qui du-moins n'a ni profondeur, ni étendue considérable, attira ensuite l'attention de mon Ayeul, parce qu'elle est fréquente. C'est un assemblage de morceaux de pierre ou de marbre, gros en certaines carrieres, petits en d'autres, de couleurs & de qualités ordinairement uniformes, quoique parmi eux il s'en trouve quelquefois d'une autre espéce. Ces morceaux sont liés par un mortier, tantôt blanc, tantôt grisâtre, brun, noir, jaune, rougeâtre, ou d'une tein-

Des pierres & marbres variés

ture mêlée de toutes ces couleurs, d'ailleurs aussi dur & aussi solide, que les pierres mêmes qu'il unit ensemble; & dans cet assemblage on trouve rarement du bois pétrifié, de la pierre cuite & des cailloux, à la différence du cailloutage, où ils sont ordinaires. Ces carrieres étoient toujours placées au pied de quelque montagne; mais elles n'étoient point arrangées par lits, comme les autres : au contraire leur substance étoit parfaitement égale, & sans différence ni division. En meditant sur cette particularité, mon Ayeul jugea par la position de ces carrieres, qu'elles pouvoient être le même ouvrage auquel, selon ses observations, la mer travailloit encore chaque jour au pied des montagnes escarpées, dont les débris tombant dans son sein, avec ce que les pluies y entraînent, & ce que le hasard y amene, sont reçûs dans ses fonds, ensévelis d'abord dans la vase, & couverts ensuite par d'autres matieres, que le tems jette sur celles-ci.

Pour vérifier si ces carrieres devoient véritablement leur origine à ce travail, mon Ayeul confronta les pierres de leur composition à celles des lieux supérieurs, & le ciment qui les unissoit, à la vase des mers voisines. A l'égard des pierres, il reconnut qu'elles étoient à la verité de la couleur de celles des montagnes élevées au-dessus de ces carrieres; mais il remarqua entr'elles cette différence, que celles qui étoient renfermées dans ces compositions avoient un œil plus fin, & étoient plus pesantes, que celles des lieux supérieurs. Pour ce qui est de la vase, il observa qu'elle étoit aussi de la qualité de celle que contenoient les fonds voisins, mais pourtant de couleur diverse.

Ces différences l'embarrasserent d'abord; mais il ne tarda pas à en découvrir la raison. Il jugea sagement, que la plus grande dureté des morceaux de pierre renfermés en ces congélations ne pouvoit être que l'effet du long séjour, que ces pierres détachées des carrieres supérieures avoient fait dans la mer, & dans une vase pesante où elles étoient restées ensévelies. Il ne douta point, que le changement de couleur de la vase ne provint de la teinture, que les terres plus élevées entraînées à la mer par les eaux des pluies, lui avoient communiquée. En effet, lorsque la terre des lieux supérieurs à ces carrieres étoit blanche, brune, ou noirâtre, la vase qui servoit à lier ces pierres ensemble, conservoit parfaitement la même couleur ; & elle étoit rouge, jaune, ou verdâtre, lorsque les terres plus élevées l'étoient de même. C'est par cette raison, que le rouge du marbre de Saravesse est si beau, parce que sur les montagnes des environs il se rencontre une terre d'un rouge si vif, que les canaux par où les eaux des pluies coulent de ces montagnes à la mer, semblent teints de sang. C'est ce que peuvent remarquer ceux qui passent en Felouque de Gènes à Porto-Venere. Aussi ne faut-il point douter, qu'aux endroits où ces pluies se rendent à la mer, il ne se prépare pour vos neveux des carrieres de marbre semblable à celui de Saravesse, ou du moins d'une qualité approchante. Le marbre de Sicile varié du beau jaune qui le fait tant estimer, n'a pas une origine differente. On peut le justifier par la terre de la même couleur & de la même beauté qui se trouve encore aujourd'hui sur les montagnes

superieures

supérieures à la carriere de ce marbre. Telle est en un mot la raison de toutes les autres couleurs, dont les carrieres de cette nature sont variées dans tous les pays différens du globe.

On doit cependant observer que la couleur de la vase qui a servi à former ces carrieres, est souvent plus belle & plus vive que celle des terres supérieures. La raison en est encore évidente. Ces terres ayant été pures au commencement, comme le sont toutes les terres vierges, & dans le tems de la composition de ces carriéres, à la vase desquelles elles ont servi de teinture, elles ont été altérées dans la suite, ou par le mélange des choses mêmes qu'elles nourrissoient dans leur sein, & qui s'y sont pourries & confondues, ou par des terres étrangeres que les vents y ont transportées. Cependant elles conservent toujours assez de vestiges de leur premier état, pour faire connoître qu'elles ont servi autrefois à teindre les cimens des carriéres, qui se sont formées au-dessous d'elles.

La raison pour laquelle ces carriéres ne renferment ni bois pétrifiés, ni terres

F

cuites, fut encore sensible à mon Ayeul; ces s'étant formées sous les eaux de la mer des matiéres qui y ont été précipitées, il ne peut s'y trouver de bois, qui ne va que très-rarement au fond de l'eau. Il ne doit pas non plus s'y rencontrer de terre cuite, si ce n'est par des cas extraordinaires ; les morceaux de briques & de pots cassés, qui sont les débris de nos maisons & de nos ménages, ne sont pas jettés à la mer du haut des montagnes escarpées, au pied desquelles ces carriéres se forment, puisqu'on bâtit très-peu sur leur semmet, mais seulement en des lieux d'une pente douce. On n'y découvre point non plus, au moins communément, des pierres & des cailloux arrondis, parce que les pierres ne s'arrondissent dans le sein de la mer, que lorsqu'elles ont été frottées long-tems les unes contre les autres sur un fond de pierre ou de sable ferme, & de peu de profondeur. La mer, comme je l'ai déja remarqué, ne peut faire cet ouvrage dans une eau profonde, ni porter les cailloux au pied des montagnes escarpées, qui brisent la force de ses vagues & de ses courans, & l'obligent de se replier fur elle-même. D'ailleurs dans ces endroits le fond n'étant ordinairement que de vafe, tout ce qui eft pefant & de volume fe trouve arrêté au loin par la molleffe de ce limon. Enfin mon ayeul comprit, que ces montagnes ne pouvoient être compofées par couches, telles qu'on en trouvoit dans les montagnes femées dans le fein d'une Mer libre, puifque les premiéres ne font que les débris de ces dernieres montagnes, qui tombant à leur pied, font reçus dans une vafe propre à les réunir, & à en faire un tout égal. Le peu d'étendue de ces carriéres, & leur forme oblongue finiffant toujours en pointe, furent encore pour mon ayeul une preuve évidente de la vérité de leur origine.

Il remarqua auffi que les carriéres de cette efpéce, lorfqu'elles étoient placées au pied des montagnes d'une fubftance molle & aifée à être brifée par les impreffions de l'air, telles que font les montagnes de marbre noir, gris, ou de couleur d'agathe, étoient compofées de morceaux très-petits: qu'au contraire, lorfqu'elles étoient fituées au pied des montagnes de pierre dure & difficile à

F ij

être moulue, telles que sont toutes les montagnes faites de vase ou de sable fin, les morceaux qui composoient ces carriéres inférieures étoient d'un volume beaucoup plus gros. Pour achever de le convaincre qu'elles venoient les unes des autres, il observa encore, que plus les montagnes supérieures étoient élevées & escarpées, plus les carriéres formées à leur pied étoient considérables ; ce qui ne pouvoit provenir que de la plus grande quantité de leurs débris, qui avoient eu le loisir de tomber & de s'accumuler dans le long espace de tems nécessaire à l'épuisement d'une mer profonde. Enfin pour n'omettre aucun des soins propres à l'instruire de l'origine de ces congélations, & à en établir la vérité, il en fit broyer des pierres, dans la composition desquelles il trouva, comme dans le cailloutage, quoique moins fréquemment, des arrêtes de poissons de mer & des coquillages. Après cela il crut ne pouvoir plus douter, que ces sortes de petites carriéres ne fussent, comme le cailloutage, l'ouvrage des eaux de la mer. Delà il conclud, qu'elle avoit battu, même long tems, aux endroits où ces carriéres étoient situées, puisqu'elle avoit pû y former de pareils amas, & que parconséquent elle avoit diminué depuis de toute l'élévation, qui se remarquoit depuis sa surface jusqu'à ces carriéres. Les montagnes de notre voisinage sont semées de ces pétrifications toutes de marbre: il y en a aussi beaucoup dans votre Europe, marbres & pierres. Il s'en trouve de cette espéce en quelques endroits de la Provence, même dans des lieux fort élevés, puisqu'on en voit dans le voisinage de la Ste. Baume. Il s'en rencontre encore d'autres en France. On en trouve beaucoup en Espagne, sur-tout dans les Pyrénées; en Flandres, en Lorraine, en Suisse, dans les Etats de Gênes, en Sicile. Il y en a de très-beau en Asie, mais toujours au pied des montagnes, & de la couleur de leur substance. Lorsque ce genre de pétrification se trouve marbre, il est fort agréable aux yeux par la varieté qu'on y remarque, à cause du ciment teint en cent façons différentes, dont les piéces qui le composent sont unies ensemble. Ce marbre est la matiére de beaucoup de colonnes dont vos Eglises sont ornées, sur-tout en Italie : on en fait auſſi des tables & des garnitures de cheminées, qui embelliſſent vos maiſons & vos Palais.

De la pierre de roche & de tuf. Deux autres genres de pétrification ſuperficiels aux grandes montagnes, & qu'on peut réduire en un ſeul, puiſqu'ils ſont d'une même eſpéce, furent l'objet des réflexions de mon Ayeul. Je parle de la pierre que vous appellez de roche, ou pierre dure, & de celle de tuf, qui ne différent preſque point dans la poſition de leurs petites carrieres, & très-peu dans les matieres dont elles ſont compoſées. La pierre de tuf eſt ſeulement moins ſolide, que la pierre de roche : elle renferme plus de vuide, & eſt moins égale dans ſa compoſition.

Pour connoître la raiſon de cette différence, on doit obſerver, que le fond de la mer fournit beaucoup plus d'impuretés en certains lieux, que dans d'autres. Il en eſt beaucoup plus chargé vers les côtes où abordent des ruiſſeaux & des torrens, que dans des endroits plus éloignés. En général, il s'en trouve beaucoup moins dans les fonds qui ne ſont que de sable ou de vase, que dans les rivages souvent embarrassés de rochers, où ces impuretés s'amassent & s'accroissent. Ainsi lorsque dans une tempête les vagues de la mer ont arraché de ces rochers & de ces endroits peu profonds les viscosités, les mousses, les limaçons, les coquillages, & cent autres impuretés qui leur sont propres, comme on peut le distinguer des yeux dans ces sortes de fonds, elle les porte vers ses bords avec des sables & de petits cailloux. Là avec le ciment de son écume & de son sel, elle attache toutes ces matieres à la superficie des rivages, qu'elle lave encore de l'extrémité de ses flots, & fait de ce tout une composition aussi inégale en dureté, que la nature des matieres qu'elle y employe est diverse. Les trous que cette pierre de tuf renferme, sont les vuides d'autant de petites mousses, & de viscosités de limaçons, ou d'autres matiéres de volume & sans consistance, qui sont entrées dans sa frabrique. Elles ont été consumées par le tems, qui les a réduites à un peu de poussiere, ou de terre, qu'on trouve dans ces cavités. Au contraire lorsque la mer pousse avec ses vagues des matiéres plus égales, moins de viscosités & de mousses, elle compose une pierre moins inégale & plus formée ; & c'est celle qu'on nomme pierre de roche. La fonte de certaines montagnes contribue aussi à la composition de celle-ci, parce que les sables & les petits graviers qui s'en détachent, & qui roulent à la mer sur une pente douce, sont recollés par les flots au pied de ces montagnes, avec les autres matiéres qu'ils y apportent.

Mon Ayeul qui avoit étudié les divers ouvrages, que la mer éleve en ses fonds principalement vers ses rivages, reconnut aisément cette vérité. Il retrouva dans ces deux genres de pierre la même composition, que la mer formoit chaque jour en certains endroits, même d'un moment à l'autre, en attachant à des fonds pierreux & à de petits rochers qu'elle baignoit encore de l'extrémité de ses ondes, les matiéres dont ses eaux étoient chargées, ou celles qui lui étoient fournies par les montagnes, dont ces endroits étoient bordés. La position même des carriéres de tuf & de pierre de roche offroit à ses yeux le même me aspect, que les lieux où la mer en formoit de pareilles sur ses côtes. Ainsi ces carriéres superficielles aux grandes montagnes, qu'il rencontroit jusques dans le voisinage de leurs plus hauts sommets, furent pour lui de nouvelles preuves, & du long séjour que la mer avoit fait, même dans des lieux si élevés, & de la diminution du prodigieux volume d'eau, qu'elle devoit avoir alors de plus qu'aujourd'hui, à compter de l'élévation de ces mêmes endroits jusqu'à ceux dont elle est à présent bornée.

Les carriéres de ces deux genres sont cependant beaucoup moins fréquentes, vers le sommet des hautes montagnes, & beaucoup moins épaisses, que vers le milieu, & moins encore au milieu qu'à leur pied, & dans les endroits plus voisins aujourd'hui de la mer. La raison en est sensible. La pierre de roche & celle de tuf sont composées des débris de certaines montagnes, de petites pierres que la mer en détache, de menus cailloux qu'elle enferme, des coquillages & des impuretés qu'elle voiture. Or rien de tout cela n'existoit au tems de la découverte des premiers terrains.

G

La mer n'a pû les brifer, ni recoler leurs débris à leurs pieds, qu'après leur apparitions Ses eaux renfermoient de même au commencement très-peu de coquillages, puifqu'ils ne fe trouvent que vers fes rivages, qui d'abord étoient fort refferrés. Elles n'étoient point alors chargées de toutes les impuretés que les eaux des pluies, & un certain limon qu'elles entraînent avec elles, font naître dans leur fein, & qu'elles y nouriffent, puifque les premiers terrains étoient de peu d'étendue, qu'ils n'avoient pû encore être moulus par les injures de l'air, & qu'ils ne fourniffoient alors à la mer que quelques veines d'eau, tout au plus de petits ruiffeaux. Encore leur eau devoit-elle être fort nette; car elle ne favoit que des rochers fans terre, fans herbes & fans arbriffeaux. Toutes ces circonftances ont changé par la prolongation des terrains, par la perte que les rochers ont faite de quelques parties de leur fubftance, par la multiplication des herbes & des feuilles, par l'abondance des eaux bourbeufes que la mer a reçûes depuis dans fon fein, & par l'accroiffement des coquillages & de toutes les impuretés qu'elle a contractées. Aussi ces fabriques se sont-elles accrues à mesure que nos terrains se sont découverts, les matiéres que la mer emploie à ses travaux, ayant augmenté à proportion de la diminution de ses eaux. C'est de-là que tous les genres de pierre ou de marbre superficiels aux grandes montagnes, des débris desquelles ils ont été formés, sont beaucoup moins fréquens & moins profonds dans les endroits élevés, que dans les lieux bas, parce que dans ces derniers la mer a trouvé à employer des matériaux plus abondans.

En général, mon ayeul trouva dans ce genre de pétrification superficiel à nos terrains des coquillages sans nombre, les uns connus, les autres qui ne le sont point, ou qui sont très-rares sur les côtes les plus voisines. Il en trouva sur-tout beaucoup de ceux que nous appellons Corneamons, & qui sont très-fréquens dans les pierres de votre France, quoiqu'il ne s'en voit point sur les rivages de vos mers. Il remarqua en même-tems, que ces coquillages inconnus étoient plus enfoncés dans ces compositions: qu'au contraire ceux qui sont fréquens sur nos côtes, approchoient davantage de leur superficie. En cherchant la raison de cette différence, il jugea qu'elle procédoit de ce que les coquillages, inconnus à nos rivages, qu'il avoit trouvés dans certains fonds, avoient été pétrifiés dans ces fonds mêmes avec la vase, avant qu'elle pût être découverte par les flots : qu'ensuite cette pétrification approchant de la superficie de la mer, ou y étant déja arrivée, un autre genre de coquillages, tels que nous en voyons sur nos côtes, plus amateurs de l'air que les premiers, avoient composé une croûte à cette premiere pierre, comme il étoit ordinaire à la mer d'en revêtir les rochers qu'elle baignoit encore, avant que de les abandonner : que par conséquent ces derniers coquillages devoient se trouver aujourd'hui à l'extérieur de la masse, avant qu'on arrivât à l'intérieur, où les premiers sont enfermés.

<small>Les marbres oués.</small> Mon ayeul découvrit ensuite d'autres pétrifications, plus profondes & plus vastes que ces premieres, mais qui n'avoient pas beaucoup d'étendue. C'étoient certaines petites montagnes déta-

chées des grandes, & placées ordinairement à leur pied, ou à peu de distance, le plus souvent à l'entrée des grands vallons, ou dans des lieux qui en étoient peu éloignés. Ces monticules, je les nomme ainsi, eû égard à la hauteur & à l'étendue des autres montagnes, sont les mêmes, & dans les mêmes positions que vos carriéres d'ardoises, ou de certains marbres tendres, tels que les noirs, ceux de couleur d'agathe, de couleurs mêlées de rouge & de verd, de blanc & de jaune, & de quelques autres espéces. En examinant les bigarrures de ces marbres, mon ayeul reconnut qu'il y en avoit de deux sortes. La prémiére est l'effet de certaines ondes, qui se rencontrent principalement dans les marbres de couleurs d'agathe, dans les rougeâtres, dans les verds, & dans ceux qui approchent de ces couleurs. Il s'en voit beaucoup de cette espéce employés dans vos maisons de Paris. La bigarrure accidentelle consiste en certaines rayes, ordinairement blanches ou jaunes, qui se trouvent dans ces mêmes marbres, & dans plusieurs carriéres de pierres.

Il jugea que ces ondes qu'on remarque dans certains marbres, procédoient de quelques impulsions fortes, auxquelles leur substance encore presque liquide, & sans consistance, n'avoit pû résister : que la couleur verte, dont plusieurs de ces pierres sont teintes, ne pouvoit provenir que des herbes insérées dans leur composition, où elles n'avoient pû entrer que dans des tems où la matiere en étoit molle ; & que les ondes qu'on remarquoit dans leur substance, en étoient une preuve indubitable. Elles supposoient en effet le même état de ces matieres, sans lequel le mélange des différens limons dont ces marbres étoient composés, n'auroit pû se faire. La facilité de ces marbres à s'écailler, malgré la solidité de leur substance, lui fit connoître encore, qu'ils n'étoient composés que de boue & de limon endurcis. Enfin, considérant leur position, il conclud que ces amas étoient naturels en ces lieux, & devoient y avoir été formés du limon des rivieres & des torrens qui couloient des vallons à la mer, dans des tems où elle étoit encore supérieure à ces carriéres. C'est ainsi que dans ses observations sur le travail journalier de la mer il avoit reconnu, qu'il se faisoit aujourd'hui de pareils amas dans son sein, à l'embouchure des riviéres, ou des grands torrens qui s'y jettent. Cette vérité lui fut aussi confirmée par les diverses arrêtes de poissons de riviere & de mer, qu'il trouva dans plusieurs de ces carriéres, puisqu'avec leurs eaux & leur limon, les rivieres avoient dû pousser à la mer quelques-uns des poissons morts ou vivans, qu'elles renfermoient.

A l'égard des rayes dont presque tous ces marbres sont bigarrés, au moins dans leur superficie, il reconnut qu'elles étoient un effet postérieur à la sortie de ces monticules des eaux de la mer : que formés d'une matiere boueuse & aisée à se déjetter, frappés de l'air, du soleil & de la gelée, ils s'étoient entr'ouverts; & que recevant dans leurs fentes les eaux des pluies, & celles de la mer qui les surmontoit encore, ils avoient contracté ces bigarrures, suivant les terres & les limons dont ces eaux étoient chargées, cette matiere qu'on peut regarder comme une espéce de colle ou de cimenté, ayant servi à réunir les differentes piéces ou écailles, dans lesquelles leur superficie s'étoit déja partagée.

Pour appuyer ce sentiment, il remarqua que ces rayes étoient de la couleur même des limons de la mer, dont ces carrieres étoient baignées, ou des terres dont leur sommet étoit chargé : que là où la terre étoit blanchâtre, les rayes des marbres l'étoient également. Telle est la bigarrure de diverses carrieres de marbre noir, qu'on trouve en Suisse & en une infinité d'autres endroits. Telle est encore la bisarrerie de certaines pierres qu'on tire en Toscane, dont les rues de Livourne sont pavées, & de cent autres espéces de pierres, dont la substance, quoique solide, se fend & se déjette facilement. Il trouva au contraire, que dans les lieux où la terre du sommet de ces carrieres étoit jaunâtre, comme dans cette isle placée au-devant de Porto-Venere, d'où l'on tire du marbre noir rayé d'un jaune qui approche du doré, les marbres & les pierres étoient rayées de la même couleur ; preuve nouvelle, que la varieté de rayes communes à tant de marbres n'a point d'autre origine que

que celle-là. On voit aussi quelquefois dans une même pièce de ces marbres des rayes jaunes & d'autres blanches. D'où vient cette différence ? si-non de ce que les unes sont l'ouvrage d'une veine d'eau teinte en jaune par une terre de cette couleur, dont elle venoit de s'imbiber, & les autres d'une eau qui avoit parcouru une terre blanche.

Que ces rayes procédent véritablement de ce que ces marbres & ces pierres se sont déjettés, après avoir été abandonnés des eaux de la mer, mon ayeul en trouva encore une preuve sensible, en ce que si le pied de ces carrieres est encore baigné des flots, on ne rencontre point dans leur fond ces bigarrures, qu'on remarque à leur sommet : qu'ils sont d'une couleur unie, ou tout au plus ondée & variée, sans mélange d'aucune de ces rayes ; & que même dans les endroits où ces carrieres sont éloignées de la mer, leur interieur à l'abri du vent, du froid & du soleil, n'offre point ces bisarreries. C'est ce que j'ai reconnu moi-même dans diverses carieres de votre Europe, sur-tout dans celle qui est située au-devant de Porto-Venere, dont les rayes diminuent

H

à mesure qu'on avance de sa superficie vers le fond, & disparoissent enfin totalement. Enfin il trouva dans la matiére même de ces rayes des mouches & divers autres insectes de terre, qui n'auroient pû y entrer, si ces rayes n'étoient postérieures à la fabrication de la substance de ces pierres, & à leur sortie des eaux de la mer. Souvent aussi plusieurs de ces rayes étoient marquetées ou variées de verd ; ce qui provenoit des feuilles ou des herbes, qui entraînées dans ces fentes par les eaux des pluies, avoient teint les limons ausquelles elles touchoient.

La nature de ces carrieres & leur position furent donc pour mon ayeul, prevenu des observations qu'il avoit faites sur les ouvrages de la mer aux embouchures des rivieres & des torrens, de nouvelles preuves de la diminution de ses eaux. Au pied de ces carrieres, dont la superficie est aisée à se déjetter & à s'écailler, il s'en trouve ordinairement d'autres, sur-tout aux côtes les plus escarpées. Elles ont été formées des débris de la substance des premiéres, réunis par le sable ou la vase de la mer dans laquelle ils sont tombés, lorsqu'elle étoit encore à leur pied ; & cet assemblage sujet aussi à se déjetter, & par-là susceptible de nouvelles bigarrures, compose une espece de marqueterie, ou de mosaïque agréable aux yeux, dont on trouve quelques ouvrages dans vos maisons de Paris. Les piéces dont ces carrieres sont formées, sont ordinairement fort petites : en cela elles different de celles dont j'ai parlé, dont la substance est d'ailleurs moins aisée à briser, que celle de ces dernieres. Mais la qualité du marbre, du sable & de la vase qui composent ces petites carrieres, les coquillages de mer qui y sont insérés, & leur position, ne sont pas moins que dans les précedentes des preuves certaines de l'état des eaux de la mer au tems de leur fabrication, & par conséquent de la diminution qui leur est survenue depuis.

Après l'examen de ces divers genres de petrifications superficielles aux grandes montagnes, dont on pourroit dire qu'elles sont les filles, mon ayeul résolut de donner toute son application à l'examen de la composition & de l'origine de celles-là. Dans cette vûe il fit *De nos grandes montagnes.*

creuser des puits en divers endroits de ces montagnes, même des sommets les plus élevés jusqu'au plus profond de leurs entrailles. Il se transporta aux carrieres d'où l'on tiroit de la pierre, dans les lieux où les montagnes étoient le plus escarpées, où il s'en trouvoit d'entr'ouvertes, ou de minées par le tems, où l'on en avoit coupé, percé ou rasé, pour pratiquer des chemins, faire des fortifications, ou donner passage à des rivieres. Il interrogeoit avec soin ceux qui étoient destinés à ces ouvrages, les tireurs de pierres, ceux qui les taillent, ou qu'on emploie à creuser les puits. Il n'examina pas avec moins d'attention les montagnes ou collines de sable dur, qui n'ont jamais l'élévation des montagnes de pierres. Aussi n'ont-elles été formées que long-tems après celles-ci, & de leurs débris. Elles sont d'ailleurs dans une telle situation, que l'agitation des flots qui baignoient les endroits où elles sont placées, la qualité des sables qui les composent, & le mélange des eaux douces, ne leur ont pas permis de se pétrifier. Mon ayeul employa plusieurs années à cette occupation ; & après de longues méditations fur l'interieur & l'exterieur de toutes les montagnes, il fit avec feu mon pere qui l'imitoit dans cette étude, & qu'il conduisoit par-tout avec lui, un recueil d'obfervations, dont voici la fubftance.

Que toutes les montagnes & tous les terrains de ce globe ne font originairement que fable ou pierre : que la pierre eft compofée, ou de fable endurci, ou de vafe, ou d'un mêlange de l'un & de l'autre, ou faite d'argile & de ces autres dépôts des eaux de la mer, qui fe trouvent dans fon fein en y jettant la fonde, ou en y plongeant.

Que la diverfité de couleur dans les pierres procéde de la diverfité du grain & des matieres, qui font entrées dans cette pétrification.

Que toutes les montagnes primitives de pierre, même celles de fable dur non pétrifié, font compofées de lits arrangés les uns fur les autres prefque toujours horifontalement, plus épais ou plus minces, & d'une couleur ou d'une dureté fouvent inégales ; ce qui ne peut provenir que d'un arragement fucceffif des diverfes matieres, dont ces amas font formés.

Que ces arrangemens ont lieu du sommet des plus hautes montagnes jusqu'au plus profond de leurs abîmes, & jusqu'à ce qu'on arrive enfin à l'eau : qu'au delà on ne peut fouiller que de peu de pieds ; & qu'on ne distingue plus rien alors sur l'arrangement des matieres qu'on y rencontre.

Qu'il n'est pas possible d'imaginer, que l'arrangement de ces matieres diverses en qualité, en substance, en couleur & en dureté, qu'on remarque dans les lits de toutes les grandes montagnes, ait pû se faire autrement que dans le sein de la mer, & par les différentes matieres dont ses eaux se sont trouvées chargées durant tout le tems nécessaire à la fabrication de ces amas prodigieux ; ni que les autres pétrifications collées à celles-ci, & composées de leurs débris, ayent été formées elles-mêmes par une autre cause, que par le secours de la mer, & successivement.

Que pour preuve de cette vérité, la mer continue encore aujourd'hui dans son fond le même travail, comme on peut le justifier en y plongeant : que dans l'éloignement de ses rivages on retrouve le même arrangement par lits de diverses matieres non encore endurcies, au moins en plusieurs endroits; & que l'on rencontre aussi sur les côtes des amas de ces mêmes matieres, qui sont employées dans les pétrifications collées à la superficie de toutes les grandes montagnes.

Qu'outre ces preuves non douteuses, que toutes les grandes montagnes ont été formées de la sorte, elles en contiennent elles-mêmes beaucoup d'autres, qui ne souffrent point de replique : qu'en effet dans les lieux mêmes les plus éloignés de la mer, elles sont parsemées encore aujourd'hui en mille endroits de leur extérieur d'un nombre prodigieux de coquillages ; & qu'on trouve plusieurs rochers sur le sommet des plus élevées, qui en sont entiérement composés : que leur intérieur renferme aussi une infinité de ces mêmes coquillages, & de toutes les espéces de poissons de mer, même des plus gros : qu'il s'y rencontre des bancs entiers d'huitres insérés jusques dans leur sein, & une quantité admirable de corps étrangers tous arrangés de leur plat : qu'on doit en conclure, que ces corps ne peuvent être entrés dans ces masses énormes, & s'y trouver renfermés, que parce que dans le tems de la fabrication de ces montagnes ils y ont été jettés & ensévelis à la hauteur où on les voit placés, comme le font les matériaux dans l'épaisseur d'un mur, que l'art forme à nos yeux.

Que la différence de qualité & de couleur d'un lit d'une même pierre à un autre procéde de ce que les courans propres aux eaux de la mer, comme les vents le font à l'air que nous respirons, après avoir en parcourant certains endroits avec rapidité, épuisé un certain genre de matiere dont ils se chargent, en trouvent d'une autre espéce, qu'ils voiturent de même successivement dans les lieux où ils se terminent : qu'ils y forment ainsi par le dépôt de toutes ces matieres des lits aussi divers en substance, que le sont les limons qu'ils charient.

Qu'il se rencontre des coquillages de mer & des matieres étrangéres en beaucoup plus grande quantité dans la substance de certaines carrieres ; & qu'en considérant la disposition des lieux où elles sont situées, il est évident qu'on ne doit

doit en chercher d'autre raison, si-non
que ces carrieres ont été fabriquées dans
le fond d'un golfe, ou dans des endroits,
où les courans devoient naturellement
porter plus qu'ailleurs ces sortes de choses.

Que ces matieres étrangeres, sur-tout
les coquillages & les arrêtes de poissons de mer, sont beaucoup plus rares
dans le fond des carrieres, moins vers le
milieu, & plus fréquentes vers leur superficie: que cela provient de ce que les
eaux de la mer ont dû naturellement
renfermer moins de poissons, & presque
point de coquillages, lorsqu'elle surnageoit encore aux plus hautes de nos montagnes: qu'en effet il n'y avoit rien
alors dans son fond propre à la nourriture des uns & des autres; en sorte
qu'ils ne se sont multipliés, peut-être
même formés, que lorsque les premiers
sommets de nos montagnes ont été prêts
à paroître, parce que pour éclore, leurs
semences avoient besoin d'être aidées de
la faveur de l'air voisin.

Pour vous donner, Monsieur, continua notre Philosophe, une idée générale de l'état primitif de notre globe,
& pour vous conduire insensiblement à

État primitif de notre globe.

I

la connoissance de la composition de nos terrains, figurez-vous, comme j'ai déja commencé à vous le prouver, que la mer a été supérieure d'un grand nombre de coudées à la plus haute de toutes nos montagnes (*a*). L'élévation précise de ses eaux au-dessus de leurs sommets nous est inconnue, & la mesure n'en peut être justifiée : mais au moins ne pourra-t'on douter, après les preuves que je vais en rapporter, qu'il n'y ait eu un tems, où elles couvroient ces montagnes, & qu'elles n'ont commencé à diminuer, qu'après en avoir formé la derniere couche.

A quelque élévation que ces eaux ayent été portées au-dessus de nos terrains, elles ne renfermoient point alors de poissons ni de coquillages. Il est constant du moins qu'il ne s'y en trou-

(*a*) C'est sous cette image, qu'Ovide nous représente la terre dans le cahos, c'est-à-dire, avant la premiere apparition de nos terrains :

Quàque erat & tellus, illic & Pontus & aer.
Metam. lib. 1.

C'est aussi assez l'idée que nous en donne Moïse par ces mots de la Genése, ch. 1. v. 2. *Tenebræ erant super faciem abyssi.*

voit que très-peu, puisqu'il n'y avoit alors aucuns terrains voisins de la superficie de la mer, seuls capables de leur fournir la nourriture nécessaire, & que même long-tems après sa premiere diminution, ils furent en fort petit nombre. Une preuve de ce que j'avance, est qu'encore aujourd'hui on ne trouve que très-peu de poissons dans les mers éloignées des rivages, & qui ont beaucoup de profondeur. C'est pour cette raison, qu'au lieu de rencontrer indifféremment dans toutes les carrieres de notre globe des arrêtes de poissons, des coquillages, ou même d'autres corps étrangers, on ne découvre dans quelques unes qu'une substance simple & nette. Telle est celle qu'on remarque dans les montagnes primitives, je veux dire, dans ces hautes & grandes montagnes, qui surpassent toutes celles dont elles sont accompagnées, & qu'il faut bien distinguer de celles-ci, puisque ces dernieres n'ont été formées que postérieurement aux autres, & de leurs débris. Or c'est dans ces dernieres principalement, qu'on trouve des corps étrangers à leur substance, des arrêtes de poissons & des coquillages, qui sont très-rares dans le

Raifon de la différence qui fe remarque dans nos montagnes. autres, ou qu'on ne découvre que dans leur fuperficie.

Par ce que je viens de vous dire, vous comprenez aifément, Monfieur, la raifon de cette différence. En effet tandis que les eaux de la mer couvroient encore les plus hauts fommets de nos montagnes, c'eft-à-dire, tandis qu'elles étoient occupées à les former, il ne put entrer dans leur compofition que des fables ou de la vafe, puifque la mer ne renfermoit alors dans fon fein rien autre chofe, qu'elle pût y employer. Comme elle nourriffoit alors très-peu de coquillages, on ne doit rencontrer ces matieres que fort rarement dans ces premiers amas. Les courans occupés à cet ouvrage, chargés feulement de fables & de limons, qu'ils détachoient de certains fonds, ou qu'ils avoient contractés de la maniere que je le dirai dans la fuite, n'avoient point encore d'autres materiaux à mettre en œuvre. Mais lorfque les fommets de ces montagnes que j'appelle primitives, furent près d'élever leurs têtes au-deffus des eaux, les herbes commencerent à croître fur ces hauteurs voifines de l'air. En même-tems les poissons & les coquillages se multiplierent ; & ce fut alors qu'ils commencerent aussi à entrer dans les nouvelles compositions, que la mer continuoit de fabriquer à côté des grandes montagnes, sur leur penchant, ou dans intervalles que ses courans avoient   iqués entre les unes & les autres.

Ce sont donc ces montagnes postérieures aux premiéres dans lesquelles on commence à trouver des plantes, des feuilles d'arbres, des arrêtes de poissons & des coquillages de mer. Que si dans ces dernieres on rencontre aussi quelques autres corps étrangers, & certains cailloux ou morceaux d'une substance différente de la leur, la raison en est encore naturelle. Le sommet des premiéres montagnes ayant paru, il fut attaqué d'abord par l'impétuosité des vents & des vagues naturelles à la superficie de la mer. Leur substance encore tendre en fut brisée & moulue en divers endroits : le chaud & le froid aiderent aux vagues, qui furent aussi secondées par les eaux des torrens & des riviéres que les pluies formerent. Tout ce qui p   en fut détaché de la substance des premiers terrains, commença à entrer dans les nouveaux travaux de la mer. De ces nouveaux amas, les plus voisins du sommet des premiéres montagnes furent attaqués & brisés à leur tour, à mesure qu'ils parurent sur la surface des flots ; & leurs débris furent de même employés à la composition de pareils ouvrages, que la mer formoit cependant au-dessous d'eux. Les ruines de ces troisiémes servirent ensuite au même usage ; il s'en forma des montagnes plus basses. Celles-ci en enfanterent d'autres ; & ces ouvrages continueront sans fin, tant qu'il y aura des mers, sur lesquelles des montagnes supérieures & pendantes fourniront du débris de leur superficie des matériaux aux flots & aux courans, pour composer à leur pied de nouveaux amas ; tant que les pluyes, les torrens, & les rivieres y entraîneront des matiéres, & que l'impétuosité des vents y apportera les sables & la poussiere, qu'ils auront enlevés de nos terrains. C'est de-là, que dans la substance de divers marbres on rencontre tant de pierres & de cailloux d'une nature absolument différente. En effet, une infinité de ces morceaux hétérogénes a peut-être déja servi à la fabrication de cinq ou six autres carrieres différentes, desquelles ils ont été successivement détachés. C'est de-là encore, que quelques-uns de ces morceaux sont rayés de blanc & de jaune, sans que ces rayes soient communes aux autres morceaux qui leur sont contigus; ce qui provient incontestablement de ce qu'avant que d'entrer dans ces dernieres compositions, ces morceaux faisant partie de la superficie d'une montagne antérieure à celle-ci, y avoient été fendus & recollés de la maniere que je l'ai expliqué plus haut. Les herbes, les feuilles d'arbres, les fruits, les insectes, les animaux, & plusieurs autres choses que la terre seule produit, & qui se trouvent insérées dans le blanc ou le jaune de ces rayes, sont encore des preuves existantes de cette origine.

C'est donc principalement depuis la découverte du sommet de nos plus hautes montagnes, & de la façon dont je viens de vous l'exposer, qu'il est entré dans les ouvrages de la mer des corps étrangers à leur substance, des arrêtes de poissons & des coquillages. Alors les débris de ces montagnes se multipliant, contribuerent à la multiplication des nouveaux ouvrages, qui prolongerent les terrains. A la faveur de l'étendue de ses rivages, la mer nourrit dans ses eaux un plus grand nombre de coquillages & de poissons ; & ils s'y multiplierent de plus en plus, à mesure que sa diminution devint plus considérable. Aussi n'avons nous pas rencontré seulement dans la substance de ces ouvrages postérieurs aux montagnes primitives des coquillages & des arrêtes de poissons ; nous avons encore trouvé jusques dans leurs plus profondes entrailles des poissons entiers de toutes les espéces. Il s'en voit dans les carrieres de marbres, dans celles d'ardoises, & en général dans toutes les carrieres de marbres & de pierres, quoique plus fréquemment dans les unes que dans les autres. Il n y a aucune sorte d'animaux vivans sur la terre ou dans la mer, qui nous soient connus, que l'on n'y retrouve entiers, ou par parties. Nous y avons découvert jusqu'à des baleines toutes entieres. Mais à l'égard des coquillages de mer, il s'y en trouve un plus grand nombre, dont les espéces nous sont totalement inconnues.

Nous en étions à cet endroit de notre

tre conversation, & je commençois à goûter les observations de notre Philosophe, lorsque nous fûmes interrompus par l'arrivée d'un Chrétien Indien. Il venoit me prier d'aller sur le champ assister à la mort un Marchand Indien, Chrétien comme lui.

Quoi que je n'eusse aucune liaison avec ces Indiens, ma Religion ne me permit pas de negliger l'occasion qui se présentoit, de faire une bonne œuvre. J'invitai Telliamed à remettre le reste de son discours au lendemain ; & je volai chez le Moribond, que je trouvai prêt à rendre le dernier soupir. Je ne vous dirai point tout ce que je vis en ce lieu. Ce qui m'y frappa le plus, fut un bassin placé proche du malade, & rempli d'une certaine liqueur épaisse & verdâtre, dont on l'arrosoit par intervalles. Je la pris d'abord pour quelque composition propre à fortifier ou à soulager ; mais ayant demandé ce que c'étoit, j'apris avec la derniere surprise que c'étoit de l'eau-bénite, dans laquelle on avoit détrempé de la bouze de vache. Vous sçavez, Monsieur, le respect insensé, que les Indiens Idolâtres conservent pour cet

K

animal (*a*); mais je n'aurois jamais crû devoir retrouver dans des Chrétiens une superstition si grossiére & si ridicule. Je voulus en marquer mon mécontentement à deux ou trois Chrétiens Indiens amis du moribond, qui l'avoient assisté dans sa maladie. Mais ils me fermerent la bouche, en me disant que jamais leurs Missionnaires n'y avoient trouvé à redire; qu'on ne se servoit point d'autre eau-benite dans leurs Eglises; qu'après tout puisqu'on avoit bien conservé le Lingan (*b*), ils ne voyoient pas qu'il y eût aucune rai-

(*a*) Une des plus grandes marques de ce respect superstitieux, est que ces Indiens ne conçoivent point de plus grand bonheur, que celui de tenir en mourant la queuë d'une vache. Comme ces Peuples croyent la Métempsycose, ils s'imaginent que dans cette attitude leur ame passe en droiture dans le corps de cet animal; & ils ne pensent pas pouvoir lui souhaiter une demeure plus agréable. On sçait l'usage qu'ils font de ses excremens dans leurs ablutions & leurs purifications. Eussent-ils commis les plus grands crimes, ils se croyent sanctifiés, dès qu'ils s'en sont frottés depuis les pieds jusqu'à la tête.

(*b*) Figure obscène d'une Idole que ces Peuples adorent, & qu'ils portent penduë au col.

son de proscrire la bouze de vache. Je ne vous rapporte ce fait, qui peut-être vous paroîtra incroyable, qu'après qu'un Missionnaire François qui avoit passé plusieurs années dans les Indes, a été obligé d'en convenir avec moi, en tâchant cependant de justifier cet usage par la nécessité d'avoir quelque complaisance pour ces peuples, si on vouloit les gagner au Christianisme. Je vous laisse à juger de quelle espéce est ce Christianisme prétendu.

SECONDE JOURNE'E.

Suite de la même vérité prouvée par les faits.

ELLIAMED ne manqua pas de se rendre le lendemain à l'assignation ; & m'abordant d'un air de confiance: Je ne sçai ce que vous pensez, Mr, me dit-il, de notre conversation d'hier, & si j'ai eu le talent de vous persuader de la verité dont j'ai prétendu vous instruire. La variété des matieres différentes dont ce globe est composé, le ciment qui les unit, leur arrangement presque uniforme par lits appliqués horisontalement les uns sur les autres, leur position enfin & leur aspect, & la conformité étonnante que je vous ai fait observer dans tout cela, avec le travail actuel de la mer dans son fond ou sur ses rivages, toutes ces circonstances réunies sont sans contredit une preuve bien forte & bien sensible de l'origine de nos terrains. Mais peut-être doutez-vous encore. Permettez-moi donc de confirmer ce que j'ai dit par des faits constans & avérés, & par-là de vous démontrer la vérité de mon systême.

Un Auteur Arabe que vous m'avez prêté, rapporte qu'en creusant un puits derriere le Château du Caire, qu'on appelle en Arabe le *Carafe*, après avoir percé un roc de plus de deux cens pieds de profondeur, on trouva en arrivant à l'eau une poutre entiere. Mais parce que le témoignage d'un Auteur de cette nation peut vous être suspect, en voici un autre d'une découverte de même espece, qui ne vous permettra pas de douter de la vérité du premier fait.

Corps étrangers trouvés dans la pierre & dans le marbre.

En l'année 1714. de votre Ere, le Grand Duc de Toscane faisant creuser un fossé depuis les nouvelles Infirmeries de Livourne jusqu'aux vieilles, appellées de S. Jacques, au travers d'un terrain de roc, qui à vingt pieds de profondeur aboutissoit à de la vase, on rencontra un arbre de dix à douze pieds de longueur creusé en dedans, que l'on a cru, comme moi, avoir servi de pompe à quelque bâtiment. Il étoit enfoncé de deux à trois pieds dans la terre argile, dans laquelle il se trouva aussi des coquilles de mer de diverses espèces, même d'inconnues dans la mer voisine, quelques pommes de pin très-entières, des cornes, des os & des dents d'animaux. J'étois à Livourne lorsqu'on y fit cette découverte, à laquelle je fus présent; & je vis de mes propres yeux remplir deux grandes corbeilles de ces matieres, qui avec la poutre furent présentées au Grand Duc.

J'ai vû aussi dans un rocher escarpé de l'Apennin, qu'un torrent avoit miné par sa chute la proue d'un bâtiment qui s'avançoit en dehors de six coudées. Il étoit pétrifié ; & sa dureté avoit résisté à la force du torrent, tandis que la pierre du rocher en avoit été minée. Ce lieu n'est pas éloigné du Mont-joué. Il eût fallu avoir une longue échelle de corde qui me manquoit, pour descendre du sommet de la montagne jusqu'à l'endroit où ce bâtiment paroissoit, afin de l'examiner de plus près. Il seroit même très-curieux de le tirer entier du sein du rocher, pour connoître la forme des bâtimens dont on se servoit au tems du naufrage de celui ci. Quoiqu'il soit assez ordinaire de rencontrer des débris de bâtimens dans les carriéres ; il est très difficile d'en connoître la forme, parce que faisant aujourd'hui partie de la pierre même, ils sont brisés & mis en piéces par les Ouvriers, avant qu'on ait pû reconnoître quel est le tout que formoient ces parties.

Ces faits paroîtront surprenans sans doute ; mais ils sont confirmés par une infinité d'autres, qui ne tiennent pas moins du prodige. Fulgose, Auteur Italien, rapporte qu'en 1460. on découvrit dans le Canton de Berne, en un lieu où l'on travailloit à tirer de la mine, & à cent brasses de profondeur, un vaisseau entier à peu près semblable à ceux dont on se sert aujourd'hui sur mer, & dans ce vaisseau, où l'on remarquoit encore les vestiges des voiles, des cordages & des ancres, les corps ou les os de quarante personnes. Cette avanture qui fit alors grand bruit dans toute la Suisse, & même dans tout le monde Chrétien, avoit eu une infinité de témoins, de plusieurs desquels l'Auteur assure l'avoir apprise. Bertazzolo rapporte de même, qu'en jettant les fondemens de l'écluse de Governolo dans le Mantouan, il rencontra en creusant la terre, plusieurs piéces de bâtimens, des joncs & des herbes marines en quantité.

On trouva en Dalmatie il n'y a que peu d'années, en travaillant aux fortifications du Château supérieur de la Citadelle de Castelnuovo sur le golfe de Cataro, dix pieds au dessous du fondement des anciens murs, une ancre de fer si consumée du tems & de la rouille, qu'elle se plioit, comme si elle eût été de plomb. L'Ingénieur François, nommé Binard, qui dirigeoit ces fortifications, m'a assuré avoir vû l'ancre. On en avoit trouvé une autre vingt-cinq à trente ans auparavant, en creusant les fondemens d'une maison à Padoue.

Il est assez ordinaire à ceux qui voyagent par les déserts sabloneux de la Libye, & de l'Afrique, de trouver en creusant des puits, des corps de petits bâtimens pétrifiés, qui sans doute avoient fait naufrage dans ces endroits, lorsque la mer les couvroit encore. On y rencontre aussi des bois pétrifiés en grand nombre; & ce sont probablement les débris de quelques autres bâtimens semblables. A une journée & demie ou deux journées tout au plus du Caire, & à son Couchant, il y a au milieu d'un désert de sables une assez longue vallée bordée & semée de rochers remplis aujourd'hui en partie de sables. Ce lieu est appellé des Arabes Bahar-Balaama, c'est à dire, mer sans eau, parce que cette plaine est en effet desséchée. Il s'y rencontre un très-grand nombre de barques & de bâtimens, qui autrefois y avoient fait naufrage, & qui sont à présent pétrifiés. On y trouve sur tout des mats & des antennes, dont plusieurs sont encore entiers. Lorsque ce lieu servoit de lit à la mer, il étoit sans doute très-dangereux pour la navigation, comme les restes de ces bâtimens entassés les uns sur les autres en font foi.

Ce qu'il y a d'étonnant, est que dans les pierres on trouve jusqu'à des os d'hommes & d'animaux. J'ai vû dans la Bibliotheque Royale de Paris un os séparé du squelette d'un homme entier pétrifié, trouvé dans la carriére de plâtre de Montmartre. On m'assura aussi dans cette Capitale, que quelque tems auparavant, il s'en étoit trouvé un autre dans les carriéres d'Arcueil, ayant au près de lui une épée consumée de la rouille. On en déterra un il y a peu de tems à Saint Ange, terre voisine de Moret en Gâtinois,

Os d'hommes & d'animaux.

L

appartenante à M. de Caumartin. Il fut trouvé dans une montagne de marbre située dans l'étendue de cette terre. Son squelette étoit de la longueur de quatorze pieds ; ce qui sert encore à justifier la la tradition, qu'il y a eu des géans. On en découvrit un quatriéme il n'y a guéres plus de trente ans au cap Coronne près de Martigues, dans les carriéres de pierres de taille qu'on emploie aujourd'hui aux bâtimens de cette ville. Ce corps posé sur son dos avoit les jambes retroussées, & étoit sans doute une de ces victimes fréquentes, que recevoit le golfe de Lyon. Il n'y a que peu d'années qu'un autre fut trouvé dans un bloc de pierre employé au bâtiment d'une Eglise de cette ville ; & lorsque j'y étois, on me fit voir chez un Curieux un morceau de pierre, dans lequel étoit une cuisse d'homme pétrifié. Ce qui me suprit, est que dans cette cuisse on distinguoit l'os & la chair également pétrifiés & de couleurs différentes, ce que je n'avois vû nulle part ailleurs. On rencontra il y a quelques années dans un bloc de pierre tiré de la carriére de plâtre de Pisse-fontaine près de Poissi, un œuf de la grosseur au moins de ceux des poules d'Inde, encore plein d'une liqueur jaunâtre, & tout proche une grosse coquille de mer. Enfin le Roi d'Espagne Philippe V. ayant ordonné quelques embellissemens de marbre à l'Escurial, on trouva dans une pierre qui fut sciée, un serpent enterré sans aucune altération. On l'en tira ; & on remarqua sa place creusée dans le marbre en spirale, selon la position de son corps. Toute la Cour d'Espagne fut témoin de ce prodige.

Toutes les pierres du monde, si l'on en excepte celles qui ont été formées avant la découverte du sommet des hautes montagnes, sont plus ou moins remplies de ces hazards. Ces corps d'une nature, & souvent d'une couleur différente de ceux dans lesquels ils sont insérés, ne sont pas moins que ceux dont je parlerai ensuite, une preuve certaine & incontestable, qu'ils sont entrés dans la composition des pierres où ils se rencontrent, en des tems où la fabrication de ces carriéres n'en étoit encore qu'à la hauteur où ils se trouvent : qu'elles étoient par conséquent d'une substance molle & presque liquide, soit que le mortier en soit de sable,

L ij

ou de vase : que cette fabrication n'a pû se faire que par le secours de la mer & dans son sein ; & que pour porter la masse de ces montagnes jusqu'à leurs derniers sommets, & achever, pour ainsi dire, ces hauts édifices, il a été nécessaire que les flots les couvrissent totalement.

Cailloux galets, & pierres de couleurs différentes.

Il se trouve beaucoup de petits cailloux, ou de gros graviers, dans vos pierres de taille de Paris, sur tout aux endroits par lesquels elles aboutissent aux couches de sable sur lesquelles on voit qu'elles ont été formées d'un autre plus fin, & propre à la pétrification. Ces pierres sont plus nettes, ou plus sales, jusqu'à une certaine épaisseur. D'où vient cela, Monsieur ? Si ce n'est que dans le tems que cette couche sale se fabriquoit, les cailloux ou les graviers y ont été portés par les eaux de la mer ; & qu'après un certain tems, le gravier & les cailloux venant à manquer, les eaux y ont voituré un sable plus fin. C'est ainsi, comme je vous l'ai fait remarquer, qu'elle l'a pratiqué dans la formation du caillou-tage. (*a*)

(*a*) J'ai vû dans les carriéres de grais de Saint Leu Taverni ouvrir des pierres de grais, dans lesquelles les

En effet comment sans cela seroit-il possible, que dans la pierre blanche employée au bâtiment de l'Eglise Cathédrale de Rouen, & en cent autres lieux de Normandie, on trouvât, comme il arrive, de gros morceaux de pierre noire, & ailleurs des morceaux de pierre blanche dans de la noire, ou de gros cailloux d'une qualité fort différente de la pierre où ils sont renfermés; des piéces de marbre dans des blocs de pierre ordinaire, de la pierre commune dans les marbres, de la marne & cent autres corps étrangers dans des galets, ou même dans des cailloux? Comment rendre raison de ce prodige, si on n'admet que pendant que la mer étoit occupée, par exemple, à former cette pierre blanche, les courans ou une tempête ont porté dans la vase ou dans les sables de cette couleur, qu'elle amassoit alors sur une côte, quelques morceaux détachés d'un rocher de pierre noire, & les ont insérés

petites coquilles & les petits galets dont le bassin de toutes les mers est ordinairement remplis, se trouvent renfermés; & je remarquai, que la superficie de ces lits de grais est couverte d'un sable tout à fait semblable à celui du bord de la mer. *Jussieu*, Disserr. sur les herbes, coquilles de mer & autres corps, qui se trouvent dans certaines pierres de S. Chaumont en Lyonnois.

dans ce sable ou dans cette vase, au milieu de laquelle on trouve aujourd'hui ces bigarrures?

On m'a assuré, lorsque j'étois à Paris, qu'en sciant ce grand morceau de pierre, dont les parties égales forment le haut du frontispice de la grande entrée du Louvre du côté de Saint Germain, on rencontra vers le milieu une barre de fer de la forme d'une platine de fusil, que la scie ne put entamer d'aucun côté, ensorte qu'on fut obligé d'employer les coins, pour séparer ces deux morceaux. Ce fait est d'autant plus singulier, qu'il est notoire, & qu'il prouve qu'il y a une espéce de fer, que la rouille ne consume point.

N'apperçoit-on pas tous les jours sur les bords de la mer ces hazards se préparer de même pour les siécles futurs? Ne voit-on pas, lorsqu'elle découvre dans son reflux sur les côtes de l'Ocean des plaines de sables ou de vase qu'elle vient d'innonder, des morceaux de pierre, & des cailloux d'une couleur différente à leur substance déja à moitié ensévelis dans ce sable ou cette vase; & ne les perd on pas de vûe quelques jours après par de nouvelle vase & du sable nouveau qui les ont totalement couverts ? On rencontre le même ouvrage, en fouillant les montagnes voisines. C'est ce qu'on remarque dans celles qui bordent vôtre riviére de Seine depuis le Havre jusqu'à Paris. C'est ce qu'on découvre dans les pierres, dont les fortifications du havre & les moles de ce port sont bâtis. J'ai vû dans l'isle de Scio, en un endroit très-supérieur à la mer, des morceaux de pierre verte insérés dans de la blanche ; & en parcourant les rivages de cette isle, je remarquai qu'il s'en formoit encore de vertes du côté du Nord, à la faveur d'une herbe qui se nourrissoit dans la mer, & qui par son suc teignoit en verd le sable qui s'y amassoit. Il est naturel de penser, que de tout tems cette herbe a crû autour de l'isle : que c'est en cette sorte que nos marbres verds ont reçu cette couleur ; & que dans le tems que ces morceaux de pierre verte furent insérés dans la blanche à plus de cent toises de la superficie présente de la mer, les flots baignoient encore l'endroit où je remarquai cette singularité : qu'alors ils travailloient à la fabrication de cette carriére de pierre blanche, où dans quelque tempéte ils jetterent ces morceaux de pierre verte détachés de quelques autres rochers de cette nature de pierre.

Herbes & plantes.   Mais ce qui se trouve très-communément dans une infinité de carriéres, ce sont des herbes & des plantes, souvent inconnues, ou qui ne croissent que dans des pays fort éloignés, insérées dans la pierre, & y formant une espéce d'Herbier naturel. Ce qu'un de vos Sçavans (*a*) rapporte à ce sujet, en parlant de certaines pierres qu'il avoit trouvées dans le Lyonnois, est trop singulier, pour ne pas mériter votre attention.

Ces pierres sont écailleuses, dit-il, voisines des lits de pierre à charbon entre lesquels elles se trouvent; & selon qu'elles approchent de ces lits, ou s'en éloignent, elles sont plus claires ou moins luisantes, plus noires dans leur plus grande proximité, & moins dans leur éloignement, où elles ne sont plus que d'un gris cendré.

Entre les écailles de ces pierres se trouvent des empreintes d'herbes de diverses

---

(*a*) *Jussieu*, Dissert. sur les herbes, coquilles de mer & autres corps, qui se trouvent dans certaines pierres de Saint Chaumont en Lyonnois.

fortes très-aisées à distinguer, mais qui ne pénétrent point la substance de la pierre, ainsi que certaines pierres de Florence sont pénétrées de la couleur des herbes, qui se rencontrent entre leurs écailles.

Le nombre de ces feuillets, continue cet Auteur, la facilité de les séparer, & la grande variété des plantes que j'y ai vûes imprimées, me faisoit regarder chacune de ces pierres comme autant de volumes de Botanique, qui dans une même carriére renferment la plus ancienne bibliothéque du monde, & d'autant plus curieuse, que toutes ces plantes n'existent plus, ou que si elles existent, c'est dans des pays si éloignés, que nous n'aurions pû en avoir connoissance. On peut cependant assurer, que ce sont des plantes Capillaires, des Ceteracs, des Polypodes, des Adiantumes, des Langues de Cerf, des Lonchites, des Osmondes, des Filicules, & des espéces de Fougéres, qui approchent de celles que le P. Plumier & M. Sloane ont découvertes dans les isles de l'Amérique, & de celles qui ont été envoyées des Indes Orientales & Occidentales aux Anglois, & communiquées à Plukenet, pour les faire entrer dans ſes recueils de plantes rares. Une des principales preuves qu'elles ſont de cette famille, eſt que comme elles ſont les ſeules qui portent colés au dos de leurs feuilles leurs fruits, les impreſſions profondes de leurs ſemences ſe diſtinguent encore ſur quelques-unes de ces pierres. La multitude des différences de ces plantes eſt d'ailleurs ſi grande aux environs de Saint Chaumont, qu'il ſemble que chaque quartier y ſoit une ſource de variétés.

Outre ces empreintes de feuilles de plantes capillaires, j'en ai encore remarqué qui paroiſſent appartenir aux Palmiers & à d'autres arbres étrangers. J'y ai auſſi obſervé des tiges & des ſemences particuliéres; & à l'ouverture de quelques-uns des feuillets de ces pierres, il eſt ſorti des vuides de quelques ſillons une pouſſiére noire, qui n'étoit autre choſe que les reſtes de la plante pourrie, & renfermée entre deux couches depuis peut-être plus de trois mille ans.

Une remarque ſinguliére, ajoute-t'il, eſt qu'on ne trouve dans le pays aucune des plantes, dont les empreintes ſont marquées sur ces pierres, & que parmi ce nombre infini de feuilles de diverses plantes, il y en a bien véritablement de brisées, mais aucune de repliée, & qu'elles y sont toutes dans leur étendue, comme si on les y avoit colées avec la main. Cela suppose que ces plantes inconnues à l'Europe n'ont pû venir que des pays où elles croissent, qui sont les Indes & l'Amérique, & qu'elles n'ont pû être imprimées & posées ainsi qu'elles se trouvent en divers sens, que parce qu'elles flotoient dans l'eau surnageante à la couche, sur laquelle elles sont insensiblement tombées dans l'étendue où elles étoient maintenues par l'eau : qu'enfin cette eau étoit celle de la mer nécessaire à les apporter de si loin.

Ainsi s'est exprimé en faveur de mon systême un des hommes de votre France des plus versés dans la Botanique, & même dans l'histoire naturelle. Ces preuves de la diminution de la mer, & de la fabrication de nos terrains dans le sein de ses eaux sont fortes sans doute ; mais j'ajoute que vous en avez une démonstration dans les coquillages & autres corps marins, dont les plaines & les montagnes de ce globe sont parsemées.

Corps marins repandus dans toutes les parties du globe.

Vous avez vû sans doute, continua notre Philosophe, des pierres de Syrie remplies de petits poissons pétrifiés : en même-tems il en tira deux ou trois de sa poche. Observez, ajouta-t'il, la forme & la diversité de ces petits poissons. Ils sont absolument les mêmes qu'on pêche encore aujourd'hui sur les côtes de Syrie, d'ou les carriéres ou j'ai pris ces pierres sont éloignées de deux journées, & dans une élévation très-considérable de la superficie de cette mer. Ces pierres sont de deux carriéres différentes, séparées l'une de l'autre de quatre à cinq lieues : la diversité seule de leur couleur justifie cet éloignement. Or ces petits poissons n'ont pû être jettés & ensévelis dans les sables pétrifiés, dans lesquels ils se trouvent, que par les eaux de la mer, & en des tems ou elles couvroient encore ces lieux.

Remarquez, je vous prie, que tous ces poissons se trouvent entre les lits minés de cette pierre, & toujours couchés de leur plat horisontalement à la mer, ainsi que tous les corps étrangers, que l'on rencontre dans la composition des pierres & des marbres de nos montagnes. Cette observation est très-essentielle, comme vous venez de le voir, puisque c'est une preuve indubitable que ces corps sont tombés, ou ont été jettés & portés aux endroits ou ils se trouvent, dans des tems ou ces lieux formoient encore le lit de la mer ; & que toute la pierre & le marbre qui les couvre aujourd'hui, y a été ensuite amassé dans le sein des eaux couche à couche, & lits sur lits, entre lesquels on rencontre par tout l'univers des coquilles & des poissons de mer, les uns entiers, les autres brisés. Je pourrois vous rapporter en ce genre mille singularités, qui ont été découvertes dans les carriéres & les montagnes de mon pays. Mais pour ne vous rien citer de cette espéce qui ne soit à votre portée, & que vous ne puissiez vérifier, ou que vous n'ayez peut-être déja vérifié vous même, je me bornerai aux faits suivans.

En parcourant les montagnes dont le cours de la Moselle est bordé, j'entrai dans un vallon qui est à sa droite entre Metz & Thionville. La curiosité m'y avoit attiré, pour visiter une mine de fer à laquelle on travailloit plus haut, proche d'un village appellé Moyeuvre, situé entre deux montagnes fort hautes, au milieu desquelles coule un ruisseau qui fait aller la forge. J'entrai dans la carriére de la mine, qui en est fort voisine. La veine ou le lit de cette mine, de l'épaisseur à peu près de six pieds, non-seulement s'étend horisontalement sous une de ces montagnes à deux ou trois toises seulement de l'élévation du ruisseau ; mais elle court encore à pareille hauteur, & de la même épaisseur, sous la montagne opposée & sous toutes les autres qui leur sont contigues, soit qu'elles en soient séparées ou non par de profondes vallées. Je retrouvai la même mine, & à la même hauteur, sous les montagnes de la Lorraine Allemande au-delà de la Moselle, & sous d'autres montagnes du Bassigny & des pays voisins ; c'est à dire, dans l'étendue de plus de trente lieues. Il n'y a point de doute, que ce lit si égal de cette vaste mine ne soit un dépôt, que les eaux de la mer ont formé en ces lieux, lorsque toutes les montagnes dont elle est couverte, n'étoient pas même encore commencées.

Ce fait est justifié non-seulement par la vaste étendue de cette mine, dont les bornes ne sont pas connues, par la qualité & l'épaisseur de son lit, qui sont les mêmes dans tous les lieux ou elle se découvre ; mais encore par le nombre infini de couleuvres de mer & de coquilles de Cornéamons, qu'on trouve pétrifiés dans cette vase ferrugineuse.

Comment en effet ces animaux se trouveroient-ils pétrifiés sous ces épaisses & vastes montagnes, dans le sable vaseux qui compose cette mine, s'ils n'y avoient vécu, & s'ils ne s'y étoient multipliés ! Mais comment ont-ils pû y vivre, sinon en des tems où cette vase encore liquide ne se trouvoit point ensévelie sous le poids des montagnes qui la couvrent ; ensorte qu'elle laissoit à ces animaux la liberté de respirer l'air toujours mêlé aux eaux, & le moyen de se multiplier dans cette mine alors pénétrable & habitable pour eux ! A cette matiére en succéda une autre d'une qualité différente, dont cette premiére fut enfin couverte, & qui étouffa les serpens & les coquillages ; après quoi survinrent toutes les suivantes, dont sont composés les différens lits de ces montagnes depuis cette mine jusqu'à leurs sommets. Il faut encore observer, que dans ces lits on trouve aussi un grand nombres d'autres coquillages, surtout aux environs de Thionville. La pierre qu'on y employe à faire la meilleure chaux, composée d'une vase différente de celle de la mine de fer, est de même remplie de coquillages de mer, qui rendent sans doute cette chaux beaucoup plus forte.

J'ai vû de même dans le rocher escarpé sur lequel la forteresse de Porto-Hercole est bâtie, la côte d'une Baleine. On la fit remarquer à Philippe V. Roi d'Espagne, lorsque ses galéres passerent dans ce port, pour porter ce Prince de Naples au Duché de Milan.

Mais quoique les montagnes & les carrieres de vôtre Europe renferment, comme les nôtres, une infinité de témoignages de la maniére dont elles ont été formées, je n'en ai trouvé nulle part en plus grande quantité que dans celles de Suisse, & dans les Cabinets ou les Biliothéques publiques de ce pays là. Le Cabinet de M. Scheuchzer à Zuric est orné d'un grand nombre de pierres

ses, dans lesquelles on voit des poissons pétrifiés de diverses espéces: il y en a même une, dans laquelle on trouve une plume pétrifiée. J'en ai apporté plusieurs de ce pays-là, que j'ai détachées de quelques montagnes, & qui renferment diverses sortes de poissons. J'en ai aussi une très-singuliére, que je trouvai à mon passage à Malthe, en visitant une carriere qui est au fond du port. Elle renferme une nageoire d'un grand poisson, qu'un coup de coignée a si heureusement partagée par le travers, qu'elle se voit toute entiére dans les deux parties du morceau, où elle étoit ensévelie. L'endroit de la carriere où je trouvai ces deux piéces, étoit élevé de plus de trente toises au-dessus de la superficie présente de la mer; & on avoit déja enlevé au moins trente autres toises au-dessus, comme il étoit aisé de le reconnoître par le sommet de la suite de cette montagne. Ainsi cette nageoire étoit ensévelie au centre de cette masse supérieure à la mer de soixante toises.

Outre ces témoignages sensibles de la fabrication de nos montagnes dans le sein des eaux de la mer, vous avez en-

Montagnes de coquillages, coraux, &c.

core dans leur superficie des preuves constantes, que les plus hautes d'entre-elles ont été pendant très-long-tems ensévelies sous ses flots, comme le sont encore aujourd'hui beaucoup d'autres qu'elles couvrent. Le mont Pelare en Suisse, situé dans le canton de Lucerne, porte sur ses épaules une autre montagne fort haute, nommée en la langue du pays le champ du Belier, sur laquelle on voit de très-gros rochers, dont la substance est toute composée de coquilles de mer pétrifiées. En les considérant, il n'est pas permis à la raison de douter, que la mer ne les ait formés, comme elle en forme encore de cette sorte en mille endroits de ses rivages, en y ajoutant pendant des siécles entiers coquillages sur coquillages, & les y attachant avec un sable & un sel qui leur sert de cole. Il y en a de cette espéce dans toutes les grandes montagnes des Continens, dans celles des Pyrenées, de la Chine & du Perou. On trouve cette même disposition dans tous les pays où il s'en voit de hautes, quoique plus remarquable en certains lieux qu'en d'autres.

On rencontre aussi presque partout sur le penchant des montagnes des coquillages de mer qui y sont attachés, surtout aux endroits que les débris des rochers & la terre ont couverts, & garantis des injures du tems. On y trouve des Madrepores encore adhérentes aux pierres (*a*), & des tuyaux formés par certains vers marins qui s'y renferment, tels qu'on en remarque dans les rocailles des lieux d'où l'on arrache le corail ; ce qui prouve incontestablement que ces endroits ont servi de lit à la mer, puisqu'il ne s'en forme que dans son sein. On rencontre de même des coraux pétrifiés & encore adhérans aux rochers, qui seuls les ont produit dans la mer. On en trouve d'ensévelis dans la substance des mon-

---

(*a*) J'eus l'honneur il y a quelques années, de présenter à l'Académie de vraies Madrepores encore adhérentes à leurs rochers, que j'avois détachées de la terre à Chaumont près Gisors, plantes pierreuses, qui viennent seulement dans le fond de la mer, & qui sont les marques les plus certaines que l'on puisse avoir, que cet endroit du Continent a été autre fois une partie du bassin de la mer. . . . M. Billeret, Professeur en Botanique à Besançon, m'a envoyé des morceaux de rochers détachés des carrières de la Franche-Comté, sur lesquels on voyoit encore quelques-uns de ces tuyaux fabriqués par certains vers marins qui s'y logent, & tels qu'on les trouve dans nos mers sur les rocailles, d'où l'on arrache le corail. *Jussieu*, *ubi supra*.

tagnes, & faisant partie de leur pétrification ; preuve sans replique de l'état précedent des lieux où ils se rencontrent.

<small>Champignons à doigts.</small> Les champignons à branches, ou à doigts, dont les habitans de la Guadeloupe se servent pour faire de la chaux, sont une espéce d'arbre de mer, qui n'est produit que dans son sein, ou dans ses fonds de peu de profondeur. On les voit même croître assez vîte, & renaître de leur tronc, lorsque l'arbre en est arraché par ceux qui vont le pêcher. Cet arbre pierreux, comme tous les autres arbres de mer, a quelquefois la tige d'un pied de diamètre, & n'est pas plûtôt élevé au dessus du sol où il croît, qu'il s'enffle par les côtés en guise de bourlet ou de champignon, ainsi que fait le chêne, lorsqu'il est planté dans un mauvais terrain. De ce bourlet sortent plusieurs branches en forme de doigts plats ; & ces doigts en produisent d'autres de même figure. Les fibres du tronc sont perpendiculaires ; celles des doigts sont horisontales. Comme en creusant le terrain de la Guadeloupe & de la grande terre, on trouve beaucoup de ces arbres encore en pied, entiers ou

brisés, il est indubitable que la mer dans laquelle ils ont été produits, couvroit les endroits où ils se rencontrent ; & que par conséquent ses eaux ont diminué de tout le volume, qu'elles avoient alors de plus.

Mais je n'ai rien vû de plus singulier en ce genre, de plus digne d'attention & de plus parlant, que les bancs d'écailles d'huîtres, dont sont couvertes en Toscane plusieurs collines, de celles qu'on appelle de Pise, parce qu'elles sont voisines de la Ville de ce nom. Il y en a de deux à trois milles d'étendue. Ces bancs sont couverts de terre ou de sable de l'épaisseur de trois à quatre pieds, que les vents y ont apportés depuis que ces collines sont sorties du sein de la mer; & les coquilles qui ont été détachées de ces bancs par les pluies, ou entraînées d'une autre façon dans les campagnes voisines, couvrent tous les terrains des environs, comme les nôtres sont parsemés de pierres & de cailloux. Votre Pere Feuillée qui passa en Amérique pour y faire des observations, m'a assuré avoir vû de pareils ouvrages de la mer dans les montagnes du Pérou. Un

Bancs d'écailles d'huitres.

illustre Anglois m'a dit en avoir rencontré dans celles de la Virginie. Il s'en trouve de semblables dans le pays des Acaoukas au Micissipi, éloigné de cent cinquante lieues des bords de la mer. Il y en a de très-remarquables sur la côte de l'isle Dauphine. Il s'en voit même en France à six lieues de Bordeaux, dans la paroisse de Sainte Croix du Mont, entre Cadillac & Saint Macaire, à la distance de sept à huit cens pas de la Garonne. Là, sur la croupe d'une montagne assez élevée, qui s'avance du milieu des autres, dont elle est séparée par des vallons, on voit entre deux lits de pierres, dont le supérieur peut avoir cinq ou six pieds d'épaisseur, un banc d'huitres qui en a vingt ou vingt-quatre, & qui a d'étendue environ cent toises qu'on découvre, le reste étant caché dans le rocher. On y a pratiqué une Chapelle de quinze pieds de profondeur, où l'on célébre la Messe. La plûpart de ces huîtres sont fermées; & dans celles-ci on trouve une espéce de terre argile en petite quantité. C'est sans doute la substance de l'huître qui s'est fondue. Ces écailles d'huître sont unies dans ce banc par un sable qui mêlé & pétrifié avec elles, n'en fait aujourd'hui qu'un même corps. Les Sçavans qui travaillent à Bordeaux à l'Histoire de la terre (*a*), vous rendront compte sans doute de la maniére dont ce banc s'est formé, si les préjugés dans lesquels ils ont été élevés, ne les empêchent pas de reconnoître la raison de ce phénomène. Pour moi, je pense qu'il n'est pas possible, de ne pas rester persuadé à la vue de ces bancs d'huîtres, surtout de ceux des collines de Pise, qui sont si nombreux & si grands, & qui ne sont couverts que d'un peu de sable, qu'ils étoient tous des huitrieres, lorsque la mer les couvroit totalement, semblables à celles qu'elle renferme aujourd'hui en une infinité d'endroits, d'où l'on tire les huitres que nous mangeons.

Beaucoup d'autres contrées de notre

(*a*) On travaille à Bordeaux à donner au Public l'Histoire de la Terre, & de tous les changemens qui y sont arrivés, tant généraux que particuliers, soit par les tremblemens & les inondations, ou par d'autres causes, avec une description exacte des différens progrès de la terre & de la mer, de la formation & de la perte des isles, des riviéres, des montagnes, des vallées, lacs, golfes, détroits, caps, & de tous leurs changemens.... avec la cause physique de tous ces effets &c. Journal des Sçavans Mars 1719.

globe fourniſſent encore des témoignages non ſuſpects de la ſupériorité de la mer à ſon état préſent, & du long ſéjour qu'elle a fait ſur nos terrains. Nous étions alors aſſis ſur la montagne du Mokatan, au pied de laquelle le Caire eſt bâti. C'eſt l'endroit où Herodote diſoit que de ſon tems on voyoit encore dans la pierre les anneaux de fer, auſquels on attachoit les vaiſſeaux qui venoient à Memphis. A trois lieues d'ici, continua notre Philoſophe, & dans cette longue chaîne de montagnes, qui ſe terminant à cette Ville, s'étend juſqu'aux frontiéres de l'Abyſſinie, il y a une longue vallée, qui par une pente douce conduit en trois jours à la mer Rouge. Cette vallée qui a un mille, & quelquefois deux de largeur, eſt remplie dans ſon fond à la hauteur de pluſieurs coudées de coquillages de toutes les eſpéces, depuis ſon entrée juſqu'aux rivages de la mer, où ils ſe multiplient d'un jour à l'autre. Qu'en peut-on conclure, ſinon que ces coquillages ont été amaſſés par les flots, & entaſſés dans cette vallée, & que la mer les y a abandonnés ſucceſſivement, en ſe retirant dans les bornes

où

où nous la voyons? Comment sans supposer un très-long séjour, & une supériorité réelle de ses eaux dans tous les endroits où l'on trouve de ces corps marins, pouvoir rendre raison de l'amas qui s'en est fait dans toutes les parties du monde?

A demi-lieue de Francfort, de l'autre côté du Mein, il y a une montagne nommée Saxenhausen, d'où l'on tire des pierres dont toute la substance est composée de petites coquilles pétrifiées. Elles sont unies par un sable fin, qui forme une pierre très-dure, dont les murs de cette belle Ville sont très-solidement bâtis. La plûpart de ces coquilles renferment leur poisson aussi pétrifié. On trouve à Vaugine, petit bourg de Provence, une autre montagne entiérement remplie de coquillages de mer & de grosses huîtres: il s'y en rencontre même de vivantes. Les environs de Grace sont remplis d'écailles d'huitres. Il y en a en beaucoup d'autres endroits de la France. Il y a même à Issy, proche de Paris, un banc de coquillages de mer. La Toscane en renferme un très-grand nombre, outre ceux dont je vous ai parlé: il s'en trouve dans tous les pays du monde.

Comment n'être pas persuadé que ce globe que nous habitons est l'ouvrage de la mer, & qu'il a été formé dans son sein, comme se forment encore sous ses eaux de pareilles compositions, ainsi que nous le voyons de nos propres yeux sur les rivages qui ont peu de profondeur, & comme les Plongeurs nous en assurent ? Ils y remarquent des montagnes, des vallons, des plaines, des lieux escarpés, des chaînes même de montagnes, telles que nous en voyons en certains endroits de nos Continens se prolonger l'espace de trois, quatre & cinq cens lieues. Ce banc si connu dans votre Europe, qui commence à la presqu'Isle de Jutland, & qui s'étend plus de trois cens lieues sous les eaux de la mer prêtes à le laisser paroître, est un témoignage autentique de ce que j'avance. Il nous apprend, que comme la formation de ces chaînes de montagnes sous-aquatiques est l'effet de deux courans opposés, qui ont élévé entre eux une barriere de sable ou de vase, les longues montagnes de notre globe se sont formées de la même sorte, tandis que la mer les surmontoit encore. Les coquillages & les poissons de mer que ces montagnes renferment, la position même de ces corps marins toujours couchés de leur plat, ne nous laissent aucun lieu d'en douter. C'est ainsi que les montagnes qui bornent la plaine d'Antioche du Levant au Couchant, jusqu'à la Tartarie, ont été formées entre deux courans, qui partoient du Midi & du Nord, tandis que ces montagnes ont été séparées par un troisiéme, qui coupant ceux-ci du Levant au Couchant, a creusé & entretenu la vallée qu'on remarque entr'elles. C'est ce qu'il est aisé de reconnoître du haut du Château d'Antioche, d'où l'on découvre l'endroit par où ce courant venoit de la Méditerranée, & la route qu'il tenoit en se prolongeant vers la Tartarie.

Souvent même ces chaînes se forment d'une autre maniere par des doubles courans. Car l'un, par exemple, allant du Levant au Couchant, & l'autre du Couchant au Levant, ils établissent entr'eux une barriére de leur propre sens, plus large ou plus étroite, suivant la disposition du fond de la mer. C'est en cette sorte, que le courant qui vient du Détroit de Gibraltar, & qui se porte vers l'Orient en cotoyant la Barbarie, & celui qui vient de l'Orient par les bouches des Dardanelles, & va se terminer au Détroit en cotoyant la Morée, l'Italie, la France & l'Espagne, ont formé les Isles d'Ivique, de Mayorque, & de Minorque, de Corse, de Sardaigne & de Sicile presque sur une ligne droite, comme les Dartes nous le montrent.

Vous comprenez, ajouta notre Philosophe, que dans des routes aussi longues que de votre Méditerranée en Tartarie, & du Détroit de Gibraltar au fond de la Méditerranée, les eaux de ces courans reçoivent des impressions, qui les écartent quelquefois de la droite ligne: qu'une partie de leurs eaux se détache aussi, & parcourent la vase & le sable les séparent, & dont leurs lits sont bordés; & que ces petits courans détachés des grands s'insinuant dans ces amas de sable & de vase, s'y creusent des routes particuliéres. Ce sont les vallées & les inégalités que vous reconnoissez dans vos montagnes, & que vous trouvez également dans celles que la mer renferme encore dans son sein. Les séparations de nos montagnes, les vallées dont elle sont entrecoupées, nous montrent les diverses routes que tenoient les courans de la mer, lorsque les couvrant totalement, elle travailloit à leur fabrication, & nous indiquent la façon dont elles se sont bâties. Le flux & reflux de l'Oceant remontant dans les gorges de certaines montagnes, ou dans les rivieres, & se retirant ensuite, vous enseigne la maniere dont les vallées se sont approfondies, & par quel moyen les eaux de la mer ont formé le cours des rivieres & des ruisseaux. Cette étude est une des plus nobles, auxquelles on puisse s'appliquer; & j'espére que vos Sçavans, ceux sur-tout dont les Académies sont établies dans des Villes maritimes, après avoir bien médité la disposition des montagnes, nous donneront l'histoire de la formation de notre globe par les courans de la mer, avec une juste description de son extérieur, & un plan exact de la terre découverte.

Car pour combattre cette vérité, pour répondre à tant de faits qui l'établissent invinciblement, il est inutile, Monsieur, de m'opposer avec quelques-uns de vos

Auteurs l'histoire de ce déluge universel, que vous prétendez avoir couvert toute la face de la terre. Pour réfuter ce sentiment, il est constant d'abord qu'un de vos plus sçavans Peres de l'Eglise convient, (*a*) qu'un événemeut si considérable a été absolument inconnu aux Historiens Grecs & Latins. Joseph assure à la vérité (*b*) que Bérose Chaldéen, Nicolas de Damas, & Jérôme l'Egyptien en avoient parlé à peu près comme Moïse. Mais le fait dût-il passer pour constant, est-il étonnant que Bérose & les autres, qui vivoient en Orient sous l'Empire des Macédoniens, dans un tems & dans un pays où les Juifs étoient si connus, ayent inséré dans leurs histoires ce que les Livres de ceux-ci contenoient à

(*a*) *Quanquàm Ogygius ipse quando fuerit, cujus temporibus etiam diluvium magnum factum est (non illud maximum, quo nulli homines evaserunt, nisi qui in arcâ esse potuerunt, quod gentium nec Græca, nec Latina novit historia) sed tamen majus, quàm posteà tempore Deucalionis fuit, inter scriptores Historia non convenit.* Augustin. de Civ. Dei Lib. 18. Cap. 8.

(*b*) *Antiq. Jud. lib.* 1. *cap.* 3.

ce sujet ? J'ajoute, que les circonstances même rapportées par ces Historiens font voir combien on doit peu compter sur leur bonne foi, s'il est vrai qu'ils ayent écrit ce qu'on leur fait dire. En effet, le passage que Joseph cite de Bérose, parle des restes de l'Arche qu'on voyoit encore, dit cet Auteur, sur une montagne d'Arménie, & dont on emportoit des morceaux, qui servoient de préservatif. J'avoue que quelques Arméniens grossiers sont encore aujourd'hui dans cette opinion ridicule touchant les restes de l'Arche. Mais on sçait aussi, que nos Voyageurs les plus sensés conviennent que c'est une fable puérile ; que le Mont Ararat sur lequel on dit que l'Arche s'arrêta, est en tout tems couvert de neiges, & tellement inaccessible, que jamais il n'a été possible de parvenir jusqu'à la moitié de sa hauteur. Il est donc évident que jamais on n'a pû sçavoir si l'arche s'est véritablement arrêtée sur cette montagne, ni si elle y a laissé de ses restes, à moins qu'on ne suppose que quelqu'un l'ait appris par une révélation de Dieu, ce qui resteroit à prouver. Les Habitans du Pays ont d'ailleurs une tradition au sujet de ce Mont Ararat, qui ne s'accorde nullement avec ce que les Juifs racontent du déluge. Ils disent que Noé se sauva dans l'Arche avec soixante & dix-neuf personnes ; & que le bourg *Tamanin* situé au pied de cette montagne a tiré son nom, qui en Arabe signifie *quatre-vingt*, d'autant de personnes qui sortirent de l'Arche, & qui s'établirent en cet endroit.

Du reste, il est étonnant que les Grecs qui saisissoient si avidement tout ce qui tenoit du merveilleux, que les Romains qui sçavoient si bien démêler la vérité d'avec les fables, que ces nations qui nous ont transmis la mémoire des Déluges d'Osiris, d'Ogyges, de Deucalion, n'ayent jamais parlé de ce Déluge universel, qui dut engloutir tous les hommes en général. Est-il concevable, qu'un événement si marqué & si terrible ait pû s'abolir de la mémoire des hommes qui s'en étoient sauvés, & de toute leur postérité, à un point, que ni les Indiens, ni les Chinois dont nous avons des histoires si anciennes, même antérieures à l'époque que vous donnez à ce Déluge, ni aucun autre peuple du monde n'en a conservé le moindre souvenir : ensorte qu'un événement qui intéressoit également tout le genre humain, ne se trouve dans la tradition d'aucun pays, ni d'aucune nation, si l'on en excepte ce petit coin de la terre habité par les Juifs, peuple que l'Histoire & l'expérience prouvent avoir été, & être encore aujourd'hui dans son humiliation, le plus vain & le plus crédule du monde ?

Ajoûterai-je à ce silence général des Nations sur un fait si important & si sensible, qu'il n'est pas possible de concevoir, d'où en quarante jours seroit venu ce volume d'eau prodigieux, capable de faire hausser la mer du point où elle est aujourd'hui, jusqu'à quarante coudées au-dessus des plus hautes montagnes du monde ? Que l'on ne comprend pas de même, où ces eaux immenses se seroient retirées en si peu de tems, puisque je défie de prouver, qu'un volume d'eau, capable de surmonter nos montagnes les plus élevées, ait pû trouver place dans le centre de la terre, & que même le contraire est aisé à démontrer ? Qu'enfin il est également inconcevable, que dans l'espace de quelques

Q

mois ces eaux ayent pû se dissiper, tandis que pour en faire perdre trois ou quatre pieds, il faut aujourd'hui des milliers d'années, comme je l'établirai dans la suite ? De-là, n'est-il pas naturel de conclure, que pour soutenir cette opinion de l'universalité du déluge, il faut avoir recours au miracle, & dire qu'après avoir tiré du néant ces eaux prodigieuses, Dieu les anéantit ensuite, ce qui est absurde. Car pourquoi donner tant d'affaires à la Divinité, pourquoi l'obliger à un si grand appareil, pour exterminer une race maudite ? Ne pouvoit-elle pas l'anéantir de son souffle, ou d'un seul mot ? D'ailleurs ce fait est contredit par vos propres livres. Ne donnent-ils pas à entendre, que ces eaux furent l'effet d'une simple pluie, d'une pluie qui ne dura que quarante jours, & qui par conséquent ne put égaler celles, qui tous les ans tombent pendant quatre à cinq mois en Abissynie, & dans quelques autre pays du monde ? N'ajoutent-ils pas, que ces eaux ne se retirerent que peu apeu (*a*); ce qui

(*a*) *Et cataractæ cæli apertæ sunt; & facta est pluvia super terram quadraginta diebus &*

ne marque qu'un effet succeſſif des cauſes naturelles, & non un prodige ſubit de la toute-puiſſance de Dieu?

Vous vous troublez, continua Telliamede, & vous trouvez mauvais ſans doute, que j'oſe attaquer ſi puiſſamment une tradition, que vous croyez canoniſée par vos écritures. Cependant ſi vous y faites un peu d'attention, vous conviendrez que mon ſentiment ſur cet événement ſi fameux n'eſt nullement oppoſé à ce que vous apprennent ces Livres, que vous regardez comme ſacrés: Que ces mots *toute la terre*, dont ils ſe ſervent pour déſigner l'eſpace qui fut couvert par le Déluge, peuvent également s'entendre, ou de tout le globe, ou ſeulement d'une de ſes parties; par exemple, de cette contrée de l'Aſie habitée par Noë & par ſa famille: Qu'en effet ils ont été entendus en ce ſens par pluſieurs de vos Sçavans, qui ne ſe ſont pas crûs obligés de reconnoître cette univerſalité, qu'on veut ſoutenir malgré tou-

---

quadraginta noctibus.... Reverſæque ſunt aquæ deuntes, & cœperunt minui. Gen. cap. 7. v. 11. 12. & cap. 8. v. 3.

tes les raiſons qui la combattent: Que vos Livres mêmes favoriſent cette derniere opinion, puiſque par tout ce qu'ils contiennent, il eſt évident, que Moïſe n'a eu pour but que d'écrire l'hiſtoire du peuple Juif, & nullement des autres Nations; en ſorte qu'on peut dire avec lui, que le Déluge dont il parle couvrit véritablement *toute la terre*. c'eſt-à-dire, toute la contrée qui étoit alors habitée par Noë & par ſes voiſins: Qu'on ne peut pas d'ailleurs l'entendre autrement, ſans donner aux paroles mêmes de cet Ecrivain les explications les plus abſurdes: Que lorſqu'il dit, par exemple, que *tout ce qui eut vie périt ſous les eaux* (a), il eſt impoſſible d'entendre ces mots des poiſſons, qui ne ſortirent point de leur élément tant que dura ce Déluge: Qu'il eſt également abſurde & ridicule de penſer, que tous les autres êtres créés périrent dans ce naufrage géneral, & ne ſe ſont perpetués que par les ſoins que Noë prit d'en conſerver dans l'Arche, puiſque pour ſoutenir cette fable, il faudroit admettre qu'il y fit entrer avec lui, je

(a) *Conſumpta eſt omnis caro*. Gen. cap. 7. v. 21.

ne dis pas des Elephans des Rhinocéros, des Chameaux & autres animaux grands ou monstrueux, qui dans un lieu assez étroit devoient occuper beaucoup de place; je ne dis pas encore des puces, des punaises & autres vermines fort incommodes: mais jusqu'à des cirons & un millier d'autres animaux, qui quoique plus petits encore que le ciron, ne laissent pas de subsister dans la nature. Qu'enfin comme le déluge de Deucalion passoit chez les anciens Grecs encore grossiers pour avoir été universel, quoiqu'il ne se fût fait sentir que dans la Gréce; comme selon vos propres Livres, après l'embrasement de Sodome, les filles de Loth s'imaginerent que leur pere étoit le seul des hommes restés sur la terre; il ne seroit point du tout étonnant, que Noë sauvé avec sa famille d'un déluge qui avoit inondé tout son pays, eût crû qu'il eût couvert en effet toute la face de l'univers.

Mais en admettant même votre système sur ce sujet, je soutiens qu'il ne peut satisfaire à tout ce qui dans notre globe parle de la fabrication insensible de nos terrains, & des divers matériaux que la mer y a employés. Ce que vous dites de ce déluge m'a engagé à donner une plus grande attention à l'examen des montagnes d'Arménie, sur l'une desquelles vous prétendez que s'arrêta l'Arche où Noë s'étoit enfermé. Or, j'ai reconnu que ces montagnes contenoient dans leurs entrailles autant qu'aucunes autres du monde, des arrêtes de poissons de mer, des coquillages & des autres matieres étrangeres à leur substance, toutes posées de leur plat & horisontalement, comme elles le sont ailleurs; preuve sans replique, qu'elles n'y ont point été insérées du tems du Déluge.

En effet, si l'insertion de ces corps étrangers dans ces masses énormes devoit s'attribuer à ce grand événement, n'est-il pas certain qu'ils y seroient placés avec confusion & en tout sens, le peu de durée de cette inondation ne leur ayant pas permis de s'affaisser naturellement, de leur plat, & horisontalement au globe ? D'ailleurs pour comprendre que ces corps étrangers eussent pénetré dans ces montagnes, il faudroit supposer, ou que ces masses entiéres se fussent formées pendant le peu de tems que dura le Déluge ; ce qui est impossible, & même contredit par vos Livres, qui supposent qu'elles existoient auparavant, ou bien on seroit obligé de dire, qu'alors ces montagnes se seroient tellement amollies, que ces corps étrangers auroient pu y entrer. Or, je vous demande d'abord, s'il n'est pas absurde de le penser ? A qui ferez-vous croire que dans l'espace de six à sept mois les eaux, quelqu'immenses que vous les supposiez, ayent pû pénetrer, amollir & liquéfier quatre à cinq cens pieds d'épaisseur de pierre ou de marbre ? Car c'est dans leur sein que se trouvent ces corps étrangers, autant que nulle part ailleurs. Pour opérer un tel prodige, n'auroit-on pas besoin d'un nouveau miracle ? Mais répondez-moi encore : Au bout de sept mois que le Déluge eut duré, l'Arche ne s'arrêta-t-elle pas sur les montagnes d'Arménie (*a*) ? La Colombe ne rapporta-t-elle pas à Noé, encore enfermé dans cette Arche, une branche d'Olivier (*b*) ? Ces montagnes n'étoient donc pas

---

(*a*) *Requievitque arca mense septimo super montes Armeniæ.*   Gen. cap. 8. v. 4.

(*b*) *Illa venit ad eum ad vesperam, portans ramum olivæ virentibus foliis in ore suo.*
      Gen. cap. 8. v. 13.

alors des masses molles & fluides, puisqu'elles étoient capables de soutenir une aussi lourde machine qu'étoit l'Arche, & qu'elles portoient des oliviers, arbres, comme l'on sçait, qui sont longs à croître. Mais revenons aux preuves de la diminution de la mer.

Villes de Lybie ensevelie sous le sable.

L'Egypte où nous nous trouvons, m'en a fourni une espéce très-singuliere, & à mon avis, bien convaincante. A deux ou 3 journées du Nil du côté de la Libye, & dans les déserts qui terminent l'Egypte à son Couchant, on trouve plusieurs ruines de Villes considerables. Les sables sous lesquels elles sont ensévelies, ont conservé les fondemens, & même une partie des édifices, des touts & des forteresses dont elles étoient accompagnées ; & comme dans ces lieux il ne pleut jamais, ou fort peu, & très-rarement, il y a apparence que ces vestiges y subsisteront encore pendant plusieurs milliers d'années. Ces Villes détruites sont placées à peu près sur une ligne du Nord au Sud, ou si vous voulez, de la Méditerranée vers la Nubie. Elles sont éloignées, comme je vous l'ai dit, de deux à trois journées de l'Egypte habitable,

ble, & enfoncées d'autant dans les déserts. Leur distances entr'elles est d'une, de deux, & quelquefois de trois journées.

Si vous consultez les Auteurs Arabes qui ont écrit de l'Egypte, ou les traditions du pays sur ces ruines, elles sont les restes de diverses Villes bâties dans ces déserts, ou par des Fées, ou par des Princes qui avoient voulu signaler leur puissance, en choisissant des positions si extraordinaires pour placer des colonies : ou bien ils pensoient à se procurer des lieux d'azile contre leurs ennemis, en bâtissant dans des lieux inaccessibles à des armées. Il seroit aisé de faire voir le peu de fondement de ces fables, & l'impossibilité aussi bien que la folie, qu'il y eût eu à bâtir des Villes en des endroits éloignés de deux à trois journées des pays habités. Elles n'auroient pû y être construites, ni les habitans y subsister, que par des dépenses immenses, puisqu'il eût fallu y porter jusqu'à de l'eau, & que par la moindre interruption des caravanes de l'Egypte avec ces Places, on été auroit contraint d'y mourir de faim, & de soif.

R

Ajoutez que les Habitans de ces Villes qui devoient être très-peuplées, comme on le juge par l'étendue de leurs ruines, n'auroient eu aucun commerce, par le moyen duquel ils eussent pû se maintenir.

Qu'elles sont ce ... les Ports de mer. Mais indépendamment de ces considérations, que l'on examine la position de ces Villes, comme je l'ai fait, en commençant par celle où étoit situé du tems d'Alexandre & des Romains le Temple de Jupiter Ammon: il sera évident, qu'elles ont été successivement les Ports de Mer de l'Egypte. La Ville & les Ports d'Alexandrie ont succédé à la Ville & au Port célébre par le Temple de Jupiter Ammon; celui-ci avoit succédé à la plus prochaine des autres ruines, que l'on rencontre en remontant vers la Nubie, & celle-là aux suivantes. Pour preuve de ceci, on remarque au devant de toutes ces ruines, du côté du Septentrion, & de la mer Méditerranée, l'endroit qui leur servoit de port. Les bassins n'en sont pas même encore totalement comblés, & l'on en distingue aisément la forme & l'étenduë. Je ne doute point que si en divers endroits de ces bassins on creusoit dans les sables dont ils sont en partie remplis, on n'y trouvât des restes de bâtimens. Mais je n'avois ni assez de monde, ni assez de vivres & d'eau pour entreprendre un pareil travail, que le hazard pouvoit prolonger infiniment.

La position de ces ruines est toujours sur un lieu plus élevé que les bassins ; & ces bassins sont presque tous environnés de rochers, excepté en quelques endroits, qui sans doute servoient d'entrée à chaque port. On voit au devant de quelqu'unes de ces ruines des terrains élevés comme elles, avec quelques vestiges de bâtimens : c'étoient probablement des Isles dont le port étoit formé. Ces Villes n'ont pû servir à d'autres usages ; & il n'a pas été possible que leurs habitans subsistassent en ces lieux autrement que par le secours de la Mer. Ils n'ont dû être occupés qu'au trafic ; & ils ne pouvoient recevoir les choses nécessaires à la vie qu'à la faveur des bâtimens, qui les leur apportoient des bouches du Nil, alors bien supérieures à l'endroit où elles sont situées à présent.

A mesure que celle de ces Villes qui

étoit la plus voisine de la Nubie, fut abandonnée des eaux de la mer, on en bâtit une autre plus voisine de ses rivages, au lieu le plus propre pour l'abord des Bâtimens: c'est la seconde des Villes ruinées qu'on rencontre, en descendant par le désert de la Nubie vers la Mer. A celle-ci en succéda une troisiéme, qui fut remplacée par celle de Jupiter Ammon. Enfin cette derniére a été remplacée elle-meme par la Ville & le Port d'Alexandrie, qui servent aujourd'hui d'azile aux Vaisseaux, qui abordent en Egypte au Couchant du Nil, comme Damiette en sert à ceux qui abordent du côté du Levant. Mais dans peu de tems ce Port déja plus d'à moitié comblé obligera les marchands à l'abandonner, & à profiter d'un nouvel azile, que la diminution successive de la Mer offrira à leurs Bâtimens. Des terrains plus avancés, & prêts à paroître dans un fond déa peu profond, ne tarderont pas à se montrer; & je suis persuadé que dans deux à trois mille ans Alexandrie sera plus éloignée des bords de la mer, que ne le sont aujourd'hui les ruines du Temple de Jupiter Ammon, où l'on ne trouve déja plus que quelques sépultures anciennes. Les belles Eglises d'Alexandrie converties en Mosquées, sont, comme vous sçavez, les seuls édifices qui restent dans l'enceinte des nouvelles murailles, où elle fut renfermée il y a six à sept cens ans. Les Maisons que le peuple habite, sont bâties sur le sable, dont la plus grande partie de son Port a été comblée il y a deux ou trois cens ans.

  La grande & la petite Syrte si renommées dans l'histoire Romaine, & toutes deux assises sur le bord de la Mer, il n'y a que seize à dix-sept-cens ans, en sont déja assez éloignées. Il est vrai, que c'est autant à cause du peu de fond de la Mer sur toute cette côte Africaine, que par la diminution de ses eaux. Si vous entrez dans les déserts dont cette côte est bordée, quels vestiges & quelles traces n'y trouverez vous pas, comme en Egypte, des Villes & des Ports qui y fleurissoient autrefois? Les apparences des Ports, & les vestiges des Bâtimens qui les environnoient, y subsistent en cent endroits. Des barques pétrifiées entiérement ou en partie, qu'on trouve à trente & quarante journées de la Mer, ainsi que dans les endroits qui en sont plus voisins ; des coquillages sans nombre mêlés aux sables des déserts, ou attachés à des rochers & à des montagnes qu'on y rencontre de tems en tems ; des vallons à leur pied remplis aussi de coquillages ; des bancs entiers qu'on en découvre dans d'autres endroits, sont des témoignages certains que la mer a couvert toutes ces contrées.

En effet, si la mer ne leur avoit pas été supérieure, si elle n'avoit pas surnagé aux déserts brûlans de la Libye, trouveroit-on ces traces de son séjour en des lieux si éloignés d'elle, surtout ce grand nombre de coquillages de mer, dont leurs sables sont parsemés, ou qui sont attachés aux rochers ? S'est-on apperçu jusqu'à ce jour qu'il se formât même des coquillages de terre en des lieux qui, comme ceux-là, n'éprouvent jamais aucune humidité ?

Visitez, Monsieur, ce monticule situé au Sud-Est du grand Sphinx des Pyramides, supérieur à leurs bases de quelques toises, & éloigné d'elles de deux ou trois cens pas seulement. Vous trouverez encore sur son sommet beaucoup de coquillages, & des vestiges de celle du sein de laquelle il est sorti. Le désert à l'entrée duquel ce rocher & les Pyramides sont situées, est le même qui conduit en Libye; & la sécheresse qui y régne, malgré le voisinage du Nil, est une juste peinture de ce qui se voit dans la suite du désert.

La dénomination d'une infinité d'endroits que la mer y a couverts, comme dans le reste de l'Afrique, en est encore un autre témoignage subsistant parmi les peuples les plus voisins de ces déserts. C'est ainsi qu'ils disent la mer de Barca, la mer de Borneo, de Cyréne, de Jupiter Ammon, pour désigner les déserts qui leur ont succédé. Vos Géographes mêmes les désignent encore sur leurs Cartes par ce terme de mer, le nom de leur état precedent s'étant conservé, même après la retraite des flots. On lit dans l'Histoire du premier & du second Siécle du Mahométisme, qu'on creusa un canal de cette ville du Caire à la mer Rouge, par lequel, à la faveur du Nil, on voituroit jusques dans cette mer les provisions pour la Méque & pour l'Arabie. Il n'en reste plus de vestiges.

On voit seulement à l'extrémité de la mer Rouge le bout d'un canal creusé dans le roc, dont la suite est couverte de sable. Que ce soit celui dont l'histoire nous parle, ou quelque autre, il est toujours certain que lorsque ce canal fut creusé, la mer étoit au moins supérieure de quelques pieds au niveau du fond, qui aujourd'hui est lui-même supérieur de plusieurs pieds à la superficie de cette mer ; preuve sans replique de sa diminution. Aussi les vaisseaux qui venoient jusqu'au Suez il n'y a pas cinquante ans, aujourd'hui sont obligés de mouiller à quinze ou seize milles de-là. On ignore même où étoient situées la ville & le port de Colzum, dont parlent les premières histoires du Mahométisme, & qui donnoient alors leur nom à l'extrémité de la mer Rouge.

Suites futures de la diminution de la mer. C'est dommage que Néron n'ait pas eu le loisir d'achever le canal qu'il avoit entrepris de creuser entre l'Epire & la Morée : il seroit déja pour nous une preuve sensible & remarquable de la diminution du volume de la mer qu'il y auroit fait couler. Il y a cependant dans vos histoires, comme dans

les

les nôtres, beaucoup de témoignages de semblables ouvrages portés à leur perfection, sans que nous ayons fait plus d'attention aux causes de leur abolition, & de la cessation de leur usage. Un jour on passera de France en Angleterre, & d'Espagne en Afrique à pied-sec, sans qu'on soit peut-être plus instruit alors de la diminution des eaux de la mer, que nous le sommes aujourd'hui, en parcourant une infinité de terrains contigus, qui n'étoient pas autrefois séparés par des eaux moins profondes. Combien d'Isles se sont unies ainsi les unes aux autres, ou ont augmenté nos Continens? L'union d'un terrain à un autre est l'ouvrage actuel de la diminution des flots ; mais comme il est long & insensible, nous n'en sommes pas mieux instruits de la cause dont il est l'effet, parce que nous ignorons l'état antérieur des lieux déja effacés de la mémoire des hommes. Quel sera leur étonnement, lorsque par l'épuisement des mers qui conduisent d'Espagne en Amérique, ils trouveront dans les terrains qu'elles auront abandonnés, des piastres Méxicaines & des lingots d'or & d'argent! On en trouvera

S

dans les pierres qu'on tirera des montagnes, pour élever des bâtimens. Il s y verra des émeraudes, des perles, des diamans, & de toutes les pierres précieuses qu'on rapporte de l'Orient, & qui se sont perdues avec les vaisseaux brisés sur la route de nos côtes à celles de l'Amérique. On y rencontrera même des vaisseaux entiers ; & si le bronze & le fer n'étoient pas sujets à la rouille & à se consumer, on y verroit des canons de bronze & de fer, dont on ignorera peut-être alors l'usage. Mais on remarquera leur forme appliquée dans la pierre; & ce qui paroîtra plus surprenant encore à cette postérité, on y découvrira l'empreinte des armes & des devises, que portent nos canons de bronze.

Comment, Monsieur, m'écriai-je en cet endroit, comment au milieu des plaines éloignées de tous les Continens, que le vaste Océan tient aujourd'hui ensévelies sous ses flots, où il n'y aura ni rivieres, ni terres, pourroit-il se faire qu'il y eût un jour des habitans : qu'on y bâtît des villes, & qu'on y ouvrît le sein des montagnes, pour en tirer les matériaux propres à leur construction?

Quand même il seroit possible, comme vous voulez le persuader, que les eaux immenses dont ces lieux sont à présent couverts, vinsent à s'épuiser totalement, comment ces terrains saumâtres, d'une substance de sable ou de vase, sans aucun secours d'eau douce, pourroient-ils devenir fertiles, habitables & habités?

Oui, Monsieur, repliqua notre Voyageur; ce fait est très-possible. Il arrivera même, comme e vous le prédis; & ces plaines aujourd'hui sous-aquatiques ne seront pas un jour moins fertiles, du moins en plusieurs endroits, que les pays les plus cultivés de votre Europe. Faites attention, s'il vous plaît, que les ruisseaux, les rivieres, les fleuves, la substance même de notre terre, où nos plantes & nos bleds se nourrissent, sont des choses accidentelles au globe, postérieurs à la découverte de ses premiers terrains, & qu'elles leur doivent leur origine. Imaginez-vous donc qu'il n'y avoit rien de tout cela, lorsque la premiere & la plus haute de nos montagnes éleva sa tête au-dessus des flots, & commença à se montrer. Ce point s'accrut à mésure que les eaux de la mer s'abaisserent, &

Comment nos terrains ont commencé à se decouvrir.

S ij

s'augmentant d'un jour à l'autre, il forma enfin une petite Isle. Il en parut ensuite plusieurs autres autour d'elle; & les eaux qui les séparoient continuant à diminuer, elles s'unirent ensemble, & formerent une plus grande étendue. Ce qui arriva en un endroit du globe, se fit de même ensuite dans plusieurs autres. C'est de ces nouveaux terrains d'abord fort petits, que par la diminution insensible & continuelle de la mer, sont sortis depuis ces grands Continens que nous habitons, cette infinité d'Isles dont ils sont environnés, & dont la mer est semée; & ces Isles avec ces Continens ne feront qu'un tout, lorsque les eaux de la mer seront totalement épuisées.

Qu'il ait régné des vents sur la mer, ou qu'il n'y en ait point eu, avant que nos premiers terrains ayent commencé à se montrer, il est fort indifférent de le sçavoir. Mais il y avoit certainement des courans dans la mer, puisque c'est par leur sécours que nos montagnes se sont élevées, & que se sont creusés les abimes, dont la matiere a servi sans doute à leur composition.

Aussi-tôt qu'il y eut des terrains, il y

eut certainement des vents & des pluies, qui tomberent sur les premiers rochers. Il se fit alors une veine d'eau qui rapporta ces pluies à la mer, d'où elles avoient été tirées. Cette veine se grossit & se prolongea, à mesure que le terrain s'étendit. La veine d'eau forma le ruisseau, plusieurs ruisseaux formerent une riviere; & des rivieres se formerent les grands fleuves. Les rayons du Soleil, le chaud, le froid, les vents & les pluies agissant sur le sommet des rochers, les moulurent dans leur superficie. Une partie de leur poussiere & de leurs débris emportée par les pluies & par les vents des lieux les plus élevés jusqu'aux inférieurs, s'y amassa; une autre fut entraînée par les ruisseaux dans le sein de la mer; une autre s'arrêta à leurs embouchures. Là les herbes, les racines & les arbres que la mer nourrissoit dans ses eaux saumâtres, rencontrant un limon plus doux, reçurent une nouvelle substance, qui leur fit perdre leur amertume & leur âcreté. Ainsi de marines que ces plantes avoient été jusques-là, elles se terrestriserent, s'il m'est permis de parler de la sorte.

Vos Naturalistes prétendent, je le sçai,

que le paſſage des productions de la mer en celles de la terre n'eſt pas poſſible, non plus que le changement de certaines ſubſtances en d'autres, leur eſſence étant incommuable. J'aurai lieu dans la ſuite d'examiner cette queſtion. Du reſte, s'il eſt vrai, comme on n'en peut douter, qu'il croît dans la mer diverſes ſortes d'arbres ; qu'il croît dans la mer Rouge des champignons de pluſieurs eſpéces très parfaites, qui molles au commencement, ſe pétrifient dans la ſuite ; que toutes les mers produiſent une infinité d'herbes différentes, même bonnes à manger ; pourquoi ne croirions-nous pas, que la ſemence de ces choſes a donné lieu à celles que nous voyons ſur la terre, & dont nous faiſons notre nourriture ? Lorſque par le reflux la mer a baiſſé ſur les côtes d'Irlande, les habitans vont arracher des rochers une herbe friſée très-bonne à manger, ſemblable à la chicorée. Ils la ſalent, & la mettent dans des barils. Les Plongeurs du Chily en vont cueillir auſſi dans le fonds de la mer à trois ou quatre braſſes, & la nomment du Goimon, qu'ils aiment fort. Notre chicorée friſée eſt provenue vraisemblablement de cette plante marine. C'est ainsi, comme j'en suis persuadé, que la terre se revêtit d'abord d'herbes & de plantes, que la mer enfermoit dans ses eaux : c'est en cette sorte que les terrains que les flots abandonnent, arrosés de l'eau des pluies & des riviéres, nous offrent tous les jours des arbres & des plantes nouvelles.

A mesure donc que ces plaines sous aquatiques, dont je vous parlois d'abord, se découvriront, & nous enrichiront de nouveaux biens, les riviéres de l'Europe s'étendront aussi de jour en jour, en suivant par les terrains découverts la mer qui les sépare de l'Amérique. Les riviéres de l'Amérique s'avanceront de leur côté vers l'Europe, au travers des terrains que la mer aura abandonnés, jusqu'à ce que ces riviéres se rencontrent, ou aboutissent toutes à l'endroit le plus profond, & y forment un lac. Tel est celui de la mer Caspienne, dans laquelle viennent se rendre plusieurs riviéres de toutes les parties de l'Asie. Des pluies qui tomberont ensuite sur les nouveaux terrains, il se formera aussi des ruisseaux ; & ces ruisseaux produiront des riviéres, qui augmentant la fertilité de ces terres vierges, fourniront aux hommes & aux animaux de ces nouveaux pays les choses nécessaires à leur subsistance.

Mais avant que l'Océan découvre les vastes terrains, qu'il cache d'Europe en Amérique, une infinité d'autres prêts à paroître en cent endroits de la mer donneront lieu à la multiplication du genre humain, en multipliant & prolongeant les terrains dont il tire sa subsistance. Tels sont les bas-fonds qu'on remarque entre la Corse & l'Isle de Mayorque ; tel est notre Archipel, ou la mer Blanche, qui a si peu de fond, & une infinité d'endroits de la Méditerrannée. Tels sont l'Archipel de St. Lazare dans les Indes, le grand banc de Terre-Neuve, ces mers si peu profondes, qui séparent l'Angleterre de la Norvége ; celles qui baignent les côtes d'Allemagne, de Hollande, de France. Telle est dans la mer Baltique cette chaîne de montagnes appellée *le Borneur*, & mille autres pareilles, que la Nature s'empresse d'offrir à nos yeux. Le bassin même de la Méditerranée, ceux de la mer Caspienne & de la mer Baltique seront desséchés, long-tems avant que l'Océan l'Océan nous laisse le chemin libre, pour aller par terre en Amérique.

Toutes les riviéres & tous les fleuves qui aboutissent aujourd'hui à la Méditerranée, continueront cependant de couler par le Détroit de Gibraltar à l'Océan, sur les plaines qu'il nous aura montrées, jusqu'à ce que la mer Méditerranée ait baissé de sorte, que le fond du Détroit soit supérieur au niveau de ses eaux. La mer Noire cessera elle-même de communiquer avec la Méditerranée par le Bosphore de Thrace, qui a si peu de profondeur ; ensorte que la mer Noire & la Méditerranée ne seront plus, comme la mer Caspienne, que des lacs sans communication entr'eux, ni avec l'Océan. Ces lacs eux-mêmes, maintenus d'abord par les riviéres qui s'y rendront, diminueront ensuite de superficie comme l'Océan, parce que les riviéres elles-mêmes s'affoibliront, les pluies n'étant plus entretenues par tant de nuages & de vapeurs, qui leur sont fournies par les mers, plus étendues aujourd'hui, qu'elles ne le seront alors. En effet, n'éprouve-t-on pas aujourd'hui à Marseille beaucoup plus de sécheresse, qu'il n'y en régnoit il y a

T

quarante à cinquante ans, avant qu'on eût desséché du côté du Rhône un étang, qui donnoit lieu aux pluies plus abondantes alors, & à la plus grande fertilité de son terroir ? C'est ainsi qu'il ne pleut presque jamais dans ce pays-ci, ni dans les pays de l'Afrique éloignés de la mer, ni à Hispahan, ni dans la plus grande partie de la Perse, qui est sans riviéres & sans lacs capables de suppléer à l'éloignement de la mer. C'est par une raison contraire, que les pluies sont fréquentes dans tous les pays qui en sont voisins, ou qui ont des étangs & des riviéres, d'où les vents peuvent emprunter de l'humidité.

De la prolongation actuelle de nos terrains. Je ne doute pas, Monsieur, continua Telliamed, que vous n'ayez observé la maniere, dont se forment sur les bords de l'Océan les lits des riviéres qui y coulent. Le flux & le reflux de la mer creuse d'abord des passages à ses eaux : elle se porte alors avec violence dans les endroits les plus élevés ; & les abandonnant ensuite avec la même rapidité, elle s'entretient des routes, qui sont suivies par les ruisseaux & par les riviéres. Cette agitation des flots se répétant souvent depuis la découverte des premiéres montagnes, les routes que les eaux de la mer ont entretenues, servent de canal à toutes les eaux qui tombent sur la superficie du globe, pour se rendre ensuite à la mer. C'est ainsi, pour vous présenter un exemple connu de cette vérité, que le vallon où coule aujourd'hui la Seine depuis sa source jusqu'à l'Océan, a été creusé par le flux & le reflux, qui continue encore à le creuser de même à son embouchure proche le Havre de Grace. Que les eaux ne produisent pas aujourd'hui le même effet aux embouchures qui coulent à la Méditerranée, c'est parce qu'elles en sont empêchées par la barriére, que l'Espagne & l'Afrique ont opposée à leur flux & reflux, & parce que les eaux resserrées dans un petit bassin n'ont plus, comme autrefois, l'agitation qu'elles reçoivent dans des mers vastes du mouvement annuel du globe autour du soleil, & de son mouvement journalier sur lui-même. C'est ainsi, qu'une eau resserrée dans un gobelet porté à la main n'est point sujette au même mouvement, que celle qui seroit portée dans un fort grand vase.

C'est ce même flux & reflux secondé des vents, qui éléve d'abord vers une

T ij

côte la superficie de la mer, dont le poids pressant les eaux inférieures, les oblige ensuite de couler avec rapidité vers le rivage opposé, où il produit encore le même effet. C'est l'élévation successive des eaux que ce mouvement cause, tantôt vers un endroit des côtes, & ensuite vers l'autre, qui donne lieu aux courans alternatifs de toutes nos mers, par qui ont été formées nos montagnes & ces vallées perpétuelles qui les partagent. Car passant avec rapidité sur leur fond, entre des amas de sable ou de vase, tantôt en un sens, & ensuite en un autre, ils les minent & séparent, composant ces hauts & ces bas que l'on y remarque. C'est un ouvrage éternel pour elle dans tous les lieux, où son flux & reflux, joint aux courans, arrive avec liberté. Ces courans ajoûtent de la vase, où il n'y avoit auparavant que du sable ; ils portent du sable où il n'y avoit que de la vase. Par ce moyen ils diminuent dans un endroit ces masses qu'ils ont formées, pour aller les augmenter dans un autre.

C'est ce que nous remarquons dans nos montagnes déja sorties du sein des flots, & que notre postérité trouvera à la suite de celles dont nos terrains sont chargés. Telles seront celles entre lesquelles la Seine coulera à l'avenir, depuis le Havre où ses eaux se rendent aujourd'hui à la Mer, jusqu'aux endroits les plus éloignés où elles couleront dans la suite. Ces montagnes n'auront rien de différent de celles qui la bordent depuis Paris jusqu'au Havre. On y rencontrera des lits de marne, de vase pétrifiée, de sable endurci, avec des mélanges de coquilles de mer, d'arrêtes de poissons & d'autres matiéres étrangéres, comme on en trouve aujourd'hui dans la composition des montagnes, entre lesquelles elles se portent à la mer. C'est celle-ci qui les a toutes formées; & elle continue à en fabriquer la suite, en se retirant du côté d'Angleterre & d'Irlande.

On a beau dire, que sur les côtes de Normandie la mer gagne continuellement dans les terres. N'est-il pas constant que harfleur, qui autrefois servoit de Port à la Ville de Rouen, & où l'on voit encore les tours que la mer a ruinées par ses vagues, est déja éloigné de ses bords? Le havre qui lui a succédé, & qu'on a bâti il y a peu de tems

Exemple, de cette prolongation.

sur le sable & la vase qu'elle avoit amassés entre harfleur & elle, ne tiendra pas long-tems sa place. Il faudra que l'art travaille de nouveau, pour former plus loin un abri aux bâtimens destinés à apporter des pays éloignés les choses nécessaires au maintien de l'abondance & des commodités des habitans de Rouen & de Paris.

Tel est le sort de tous les endroits maritimes. La Marseille de nos jours n'est déja plus située au même endroit, où étoit placée celle des Romains. Son Port n'est aujourd'hui ni celui de ce tems là, ni même à la suite de l'ancien : c'est un ouvrage de l'art creusé à côté de celui là, & une restitution qui a été faite à la mer d'un lieu, qu'elle avoit déja abandonné. Ce nouveau Port que l'art a formé depuis peu d'un marais, sera encore abandonné pour toujours, & comblé par la retraite des eaux de la mer, comme le premier l'a été, tandis que les Isles d'If unies au Continent du côté des vieilles infirmeries, & privées du peu d'eau qui les environne, en formeront un plus beau. A peine se souvient-on déja aujourd'hui de la positic de la Marseille ancienne, & de celle de son port ; on se souviendra aussi peu dans la suite du port de la Marseille moderne.

Fréjus, port autrefois si célébre pour l'asile qu'il donnoit aux Galéres des Romains, & où j'ai vû le bassin dans lequel elles mouilloient, est une autre preuve autentique de la diminution des eaux de la mer. Ce bassin n'est pas seulement considérablement éloigné de ses bords, puisqu'il y a même un lac d'eau douce entre l'un & l'autre : mais il est encore évident, que quand on enléveroit tout le terrain qui les sépare, la mer ne pourroit retourner en ce bassin à la hauteur qu'on juge qu'elle devoit y être du tems des Romains. Je doute même que si on la ramenoit par un canal aux murs d'Aiguemortes, au pied desquels St. Louis s'embarqua sur les vaisseaux qui le porterent en Orient, elle se trouvât au point où elle étoit il y a si peu de siécles. Ravennes, autre port des Romains, n'est-il pas totalement comblé ; & cette Ville ne se trouve t-elle pas déja à quelque distance de la mer ? Le port de Brundisy est devenu inutile, plus par la diminution des eaux de la mer, que par l'ouvrage des Vénitiens qui cherchent à le remplir. La plûpart des côtes d'Italie & de la Méditerranée ont déja changé de face depuis dix-sept à dix-huit-cens ans. Lisez les Itinéraires des Romains, & confrontez ce qu'ils disent de vos ports de Provence, avec ceux qu'on y trouve aujourd'hui. Vous verrez que si quelques-uns de ceux qu'ils citent subsistent encore, il y en a déja beaucoup d'effacés, tandis qu'il en a paru de nouveaux. Les premiers ayant apparemment dès-lors fort peu de profondeur, ont cessé de pouvoir servir d'asile aux vaisseaux, soit à cause des sables qui y sont survenus, ou par la diminution des eaux de la mer. Par la même raison, ceux qui subsistent sont peut-être devenus meilleurs, tandis que les nouveaux qui étoient inconnus aux Romains, se sont formés par cette voie.

Les environs de la Ville d'Hiéres fournissent autant qu'aucun autre lieu de cette côte, des preuves sensibles de cette vérité. De l'endroit appellé le Signal, où se noya, dit-on, le fils d'un Comte de de Provence, il y a aujourd'hui à la mer trois grands quarts de lieues; & le progrès de la prolongation de ce terrain est remarquable d'année en année, non-seulement par la diminution des eaux de la mer, mais encore par le sable & la boue, qu'un petit torrent venant des montagnes supérieures y charie continuellement. D'ailleurs en cet endroit son fond est si peu considérable, qu'à cinq-cens toises de distance du rivage, on ne trouve qu'environ deux pieds d'eaux.

C'est sur ce fond, que du côté du Levant on a élevé une digue, du pied d'un monticule sur lequel un Hermitage est bâti, tirant vers l'Isle de Gien du Nord au Sud-Est, & qu'une autre digue pareille à celle-là, & placée à son Couchant, a été également tirée du pied du monticule vers la même Isle. Ces deux digues forment un étang à peu près carré, qui a trois quarts de lieue de diamétre. Par-là l'Isle de Gien est devenue une presqu'Isle, & se trouve jointe au Continent. Le fond de l'étang n'a en général, comme je l'ai dit, que deux pieds de profondeur. Ainsi en fortifiant

V.

& élevant davantage les deux chauffées qui le ferment, il eût été facile d'en vuider l'eau avec des pompes, & de rendre ce fond fertile. Mais on a mieux aimé laisser une ouverture à la digue située du côté du Levant, afin d'y introduire l'eau de la mer, qui communiquant par-là à l'étang, le rend abondant en poisson, à cause de l'abri qu'il y trouve dans l'agitation des flots. Or, ce sera sur ce fond, qu'au moyen des sables & de la boue que le torrent de Capeau y charie toutes les années en très-grande quantité, & avec le secours de la vase que la mer voiture dans l'étang, jointe à la diminution de ses eaux, il paroîtra bientôt sans doute une plaine, dont le Continent d'Hieres sera augmenté. C'est en cette sorte, comme l'a assûré un ancien habitant du lieu, que quarante autres étangs au moins sont devenus depuis cent ans de belles prairies, & servent aujourd'hui de pâturage aux troupeaux.

Ce sera ainsi sans contredit, que tous les fleuves & toutes les riviéres qui se rendent dans la Manche, dont l'Angleterre est séparée de la Terre-ferme, formeront un jour par les sables & les boues qu'elles y charient une terre solide, qui continuera d'approcher l'un de l'autre les deux terrains. Alors après que ces matiéres auront comblé diverses fois les ports successifs qu'on cherchera à y former, l'Angleterre déja jointe à l'Irlande qui s'y sera réunie, deviendra une presqu'Isle ; & il faudra la tourner, pour arriver des ports de la basse Allemagne sur les côtes de France, ou de ces côtes dans les ports d'Allemagne.

En effet, n'est-ce pas de la sorte, que la Hollande entiére est sortie du sein des flots, même depuis un petit nombre de siécles ? Vous direz peut-être, que la mer attaque tous les jours ses digues : mais il est aisé de répondre à cette objection. Les peuples de Hollande resserrés par la mer dans des bornes étroites ont cherché à la reculer ; & ils ont réussi par le moyen des digues, qu'ils ont avancées sur elle & contre elle. Par-là ils ont prévenu la diminution de ses eaux. Ainsi lorsque les flots sont favorisés du vent & de la marée, il n'est point étonnant qu'il leur arrive quelquefois de percer ces digues, & de recouvrer une partie du terrain qu'on leur a enlevé, sur-tout à présent qu'en apportant en hollande les richesses des Indes, on y a introduit en même tems ce genre de vers pernicieux, qui détruit la force de pieus qu'on a employés à la fortification de ces barriéres. Les attaques continuelles que la mer leur livre, ne font donc pas une preuve que ces eaux augmentent de ce coté-là ; elles font voir seulement, comme je viens de le dire, qu'on a anticipé sur son fond, & qu'on a prévenu sa diminution sur cette côte. Aussi y a t-il beaucoup d'apparence, que les eaux de l'Océan seront long-tems redoutables aux plaines voisines, jusqu'à ce que les dunes ayent tellement grossi sur les côtes de Hollande, qu'elles ayent formés une barriére antérieure à celle, que l'adresse humaine a élevée contre leur impétuosité.

Mais il n'en est pas moins certain que ces plaines se prolongent chaque jour du côté de l'Océan. Combien de sables, de terres & d'autres matiéres, la Tamise d'un côté, le Rhin, la Meuse & l'Escaut de l'autre n'ont-ils pas chariés à la mer, depuis que la Hollande est devenu République ? Et croyez-vous, Monsieur, que le port du Texel doive toujours durer ? Tant de vaisseaux qui périssent chaque année, en cherchant à y aborder à travers tous ces monts de sables, dont ils sont obligés de se démêler pour y arriver, ne vous en annoncent-ils pas la fin prochaine ? La Ville d'Amsterdam elle-même ne sera pas encore longtems le séjour des Marchands employés à négocier avec les autres Villes de l'Europe, de l'Amérique & de l'Asie. Que l'on compare une des plus ancienne Cartes de ces Provinces & des côtes voisines avec une moderne : on reconnoîtra certainement, que les côtes de Hollande & celle de Flandre qui y sont contigues, reçoivent chaque jour des altérations & des augmentations pernicieuses, à l'entrée des Bâtimens. Ostende qui dans les guerres de la République avec les Espagnols fut un port si grand & si bon, n'est plus rien aujourd'hui. Vous direz sans doute que les Hollandois ont cherché à le combler : mais les autres ports de la côte ont-ils moins souffert, combien n'en a t-il pas coûté, pour entretenir le port de Dunkerque en état de servir, St. Omer éloigné aujourd'hui considérablement des bords de la mer y étoit assis il n'y a pas beaucoup d'années.

Qui peut douter que dans la suite il n'en soit de même de Venise, Bientôt cette Ville se trouvera en Terre-ferme: celle-ci s'en approche chaque jour par la prolongation de ses terrains. Déja diverses Isles se sont formées dans le bassin, qui renferme cet belle Ville; & malgré le soin qu'on prend de l'approfondir, le limon qui s'y amasse avancera l'éloignement de la mer, qui se retire d'un jour à l'autre. Les gros vaisseaux ont déja peine à passer par les bouches de Malamoc, & à entrer & sortir de ces Arcenaux, malgré le travaille réitéré qu'on y employe. La Basse-Lombardie est elle-même une nouvelle acquisition qu'on a faite sur la mer; & les plaines d'Italie depuis Boulogne jusqu'à l'Adriatique n'ont été abandonnées d'elle, que depuis peu de siécles. Les bords de l'Italie du côté de cette mer, & les plages Romaines de l'autre, se sont considérablement avancées vers elle depuis quinze-cens ans seulement. Les environs de la mer Baltique du côté de l'Allemagne, & ceux de Gottembourg, font des conquêtes récentes faites fur la mer. Les landes qui régnent en tant d'endroits de votre Europe, en Allemagne & même en France, font des plaines de fable fans fertilité, parce qu'il n'y a pas affez de tems qu'elles ont été abandonnées des flots, pour l'avoir déja acquife. Mais elles deviendront fécondes par la fucceffion des tems, comme le font devenues celles qui en font plus éloignées. La Bauffe, la Champagne étoient autrefois dans le même état. Les plaines de fable que la mer forme aux embouchûres du Rhône, la plaine du Crau qu'elle a couverte il n'y a pas beaucoup de fiécles, deviendront fertiles comme celles d'Arles & du Languedoc, qui ont été précédemment dans l'état de celles-ci.

Si vous fouillez les fables de vos landes, même dans les lieux les plus éloignés de la mer, que de coquillages & de veftiges des eaux dans lefquelles elles fe font formées, n'y rencontrerez-vous point. Si dans ces plaines vous confidérez l'extrémité par laquelle elles tou-

chent à la mer, ne la verrez vous pas se prolonger vers elle d'un jour à l'autre, & se former en la même manière, & d'un terrain totalement pareil à celui des endroits qui en sont déja fort éloignés. Il y a cette seule différence, que ceux-ci ont déja acquis quelque fertilité par la douceur des pluyes, dont ils sont lavés depuis quelques siécles, par quelques poussiéres qui se sont mêlées à ces sables, & par la pourriture de quelques herbes, des genêts, des fougéres, & d'autres plantes de cette nature qui ont crû, & qui y sont mortes. Les murs de Coppenhague baignés de la mer il n'y a que peu d'années, ceux de Cadix pareillement, en sont déja à quelque distance, on ne peut pas même dire que ce soit absolument par l'augmentation des sables, qui ont été jettés à leur pied. La basse-Egypte est sortie du sein des eaux depuis moins de quatre mille ans. Du tems d'Herodote ne voyoit-on pas encore à des rochers voisins de Memphis les anneaux de fer, auxquels on attachoit les bâtimens qui y abordoient? Cependant Memphis est éloignée aujourd'hui de la mer de vingt-
cinq

cinq lieues. La Ville de Damiette qui étoit située à l'embouchure du Nil, lorsque St. Louis l'assiégea & la prit, en est déja distante de neuf à dix-milles d'Italie. Ne m'avez-vous pas dit vous-même, qu'à votre arrivée en Egypte, le Château de Rosette éloigné aujourd'hui de la mer de plus d'un mille, n'en étoit pas à une portée de fusil? Il faut, comme vous sçavez, reculer vers ses bords de vingt-cinq en vingt-cinq ans au moins la forteresse de Damiette, pour empêcher l'approche & l'entrée du Nil au Corsaires Chrétiens.

Ces prolongations de terrains au voisinage des riviéres, qui comme le Nil, la Loire, le Rhône & la Garonne voiturent beaucoup de sable à la mer, ont à la vérité quelque chose d'équivoque, pour servir à prouver sa diminution. Ses eaux, je le sçai, peuvent être éloignées de ces lieux par les propres matiéres, que les riviéres y charient sans qu'elle baisse de superficie. Mais il n'en est certainement pas de même des marques que vous voyez de sa diminution aux montagnes escarpées & aux rochers, auxquels elle aboutit. Considérez en Provence les rochers escarpés qui servent de digue à la mer : examinez la côte de Gênes, sur-tout depuis Sestri de Levant jusqu'à Portovenere. Vous reconnoîtrez sans pouvoir en douter ni vous méprendre, les endroits où elle arrivoit autrefois, & où elle n'arrive plus. Vous y remarquerez le même coquillage, qu'elle attache encore aux lieux où elle bat, mais blanchis de l'air ainsi que le rocher, à proportion qu'ils sont élevés davantage au-dessus de sa superficie, & que par conséquent il y a plus de tems qu'elle les a abandonnés. Vous y verrez les mêmes enfoncemens, que les eaux forment encore aux endroits plus tendres du rocher contre lequel elles battent. Il n'y a point d'homme, quelque prévenu qu'il puisse être contre la diminution de la mer, qui ne lise dans ces lieux sa condamnation.

Le nombre des siécles & la mesure de la diminution des eaux de la mer se connoissent sur ces rochers : au moins peut-on y distinguer les millénaires d'années par les différentes nuances, qui sont marquées du haut en bas de ces montagnes, & sur les coquillages que la mer y a attachés. Avez-vous jamais considéré ce haut rocher qui forme un cap, en sortant du port de la Ciouta pour aller à Marseille, cette forme de bec d'Aigle, qui en porte aussi le nom, si élévé au-dessus de la surface de la mer, qu'en nul tems les vagues ne peuvent arriver à beaucoup près à la moitié de sa hauteur ? Toute la croute de ce rocher est un composé égal de coquillages, qu'elle y a attachés dans les tems différens, qu'elle a battu depuis son sommet jusqu'à l'endroit où elle est aujourd'hui bornée. Quoique la différence de nuances que vous observez aujourd'hui sur la côte de Gênes, ne soit pas aussi marquée sur ce rocher, ni l'impression des vagues aussi sensible, parce qu'il est composé de lits plus égaux en dureté que les montagnes de la Ligurie, elles ne laissent pas de s'y reconnoître.

Ce que je vous ai dit de vos côtes, je puis vous l'assûrer de toutes les autres que j'ai vues. Il n'y en a point d'escarpées contre lesquelles la mer batte encore, où on ne lise sa diminution & ses grades. Mille témoignages de cette nature sont écrits sur les côtes d'Angleterre & d'Irlande. Mais ce n'eſt pas ſeulement ſur les Montagnes encore contigues à la mer, qu'on trouve des preuves de ſa diminution : on en voit dans des endroits fort éloignés d'elle, & dans le centre même de nos continens. Il y en a de très-remarquables dans les montagnes, qui ſont entre Gap & Ciſteron en Dauphiné, où l'on découvre les différens dégrès de la diminution des flots, par autant d'amphithéâtres qu'ils ont formés du haut en bas de ces montagnes. Il y en a d'auſſi ſinguliéres dans celles qui ſont aux environs d'Antioche, & le long des côtes de la Caramanie & de la Syrie. On peut même dire en général, que les témoignages de ſa diminution ſont communs à toutes les montagnes du monde, mais principalement aux plus eſcarpées, & à celles dont la dureté a réſiſté au tems. Y a t-il rien de plus parlant en ce genre, que les montagnes de vaſe congelée au travers deſquelles on paſſe, en ſortant de Toulon, ou en y allant. D'où procédent cet entaſſement de boues, & ces vallées étroites qui les partagent en certains endroits ? Comment cela s'eſt-il formé, ſinon dans la mer, de ſes eaux & par les courans ? Ces rochers même appellés les Fréres, qui ſont encore dans la mer à la vue de cette Ville, ne ſont-ils pas l'effet d'un même ouvrage, mais plus tardif que le premier ? L'aſpect de toute les Iſles du monde, ſur-tout des Iſles raboteuſes, & de celles qui ſont compoſées de vaſe pétrifiée, telles que toutes celles qui bordent la côte de Provence, principalement au devant de Marſeille, leur aſpect, ſi vous y faites un peu d'attention, ne vous apprend-il pas qu'elles ſont ſorties récemment de la mer ? Les terrains de ces Iſles où elle n'arrive plus, ceux qu'elle baigne encore, totalement ſemblables ; les mêmes coquillages appliqués dans les lieux les plus éloignés d'elle, comme dans ceux qui en ſont plus voiſins ; ce rapport ne vous dit-il pas, qu'ils ſont également ſon ouvrage : que les uns ſont déja ſortis de ſon ſein pour n'y plus rentrer, tandis que les autres en ſortent actuellement, & y retournent quelques-fois, lorſque ſes eaux ſont enflées par quelque grande tempête.

C'eſt de cette diminution des eaux de la mer, qu'eſt venue l'opinion que la pierre croît sur ses bords, & que les rochers s'augmentent dans son sein. C'est cette diminution, qui nous a donné des Isles inconnues aux siécles passés ; qui nous en a fait perdre tant d'autres que l'on connoissoit autrefois, & qu'on cherche en vain aujourd'hui. C'est cette diminution, qui fait passer les anciens Géographes pour des ignorans, ou des gens peu exacts dans les descriptions qu'ils nous ont laissées. Une de mes principales études a été, de rechercher dans ma patrie d'anciennes, Cartes hydrographiques. J'ai trouvé, sur-tout dans les plus anciennes, diverses Isles marquées, même d'assez grandes, qui ne subsistent plus; & je me suis apperçu de l'omission de beaucoup d'autres, que l'on voit aujourd'hui sur nos côtes. Cependant comme la plûpart de ces Cartes avoient été dressées sur des contestations survenues au sujet des frontiéres entre des peuples & des Villes limitrophes, & qu'elles avoient été déposées de part & d'autre dans des Archives publiques, pour servir de titres communs aux parties, il n'est pas possible de douter de leur fidélité, & de l'exactitude avec laquelle elles ont été composées. D'où il faut nécessairement conclure, que les fautes qu'on remarque dans ces Cartes sont les effets du tems, & des changemens que la diminution de la mer a apportés aux terrains, en joignant au Continent des Isles qui en étoient séparées ; & en en faisant paroître de nouvelles, qui ne se voyoient point encore au tems où ces Cartes avoient été dressées.

Mais, Monsieur, repartis-je en cet endroit, ne peut-il pas se faire que les eaux de la mer diminuent d'un côté, & qu'elles augmentent cependant de l'autre; qu'elles paroissent diminuer, & qu'elles ne fassent que changer de place; qu'elles baissent même de superficie sans diminution, en imbibant la terre, ou remplissant de grands creux capables de la contenir ? Car enfin il est difficile de croire, que ces eaux se dissipent, ou qu'elles se transmuent en un autre élément.

Vous me faites plaisir, repartit notre Philosophe, de me donner lieu de satisfaire à vos doutes, & mêmes à des objections plus fortes, qui m'ont déja été faites par d'autres contre mon Systême.

Mais comme cette matiére demande quelque étendue, & que je dois aussi refuter l'opinion de ceux qui se persuadent, que tant de preuves de la diminution des eaux de la mer, & de la fabrication de tous nos terrains en son sein, sont des effets du hazard, des jeux de la nature à l'imitation du vrai, ou des productions naturelles, permettez-moi de remettre à un autre jour le plaisir de vous entretenir sur ce sujet.

TROISIE'ME

TROISIEME JOURNEE.

Nouvelles preuves de la diminution de la mer; estimation de cette diminution, & refutation des Systêmes contraires.

NOtre Philosophe se rendit chez-moi le lendemain à son ordinaire. Il étoit accompagnée de deux autres Indiens, qui devant partir avec lui venoient me demander des lettres de recommandation pour quelques-uns de nos Marchands établis à Pontichéry & à Surate. Je leur promis ce qu'ils souhaitoient ; & dès qu'ils furent retirés, Telliamed reprit la conversation en ces termes.

Si la diminution survenue aux eaux de la mer n'étoit que de quelques coudées, on pourroit se persuader peut-être, qu'à la faveur de quelque tremblement de terre, qui lui auroit ouvert une route vers des pays plus bas que ceux sur lesquels elle reposoit, ou même à quelque caverne profonde enfermée dans

Que les eaux de la mer ne diminuent point par un changement de place.

les entrailles du globe, ce volume, quoi qu'immense eu égard à leur étendue, auroit pû suivre cette route. Il ne seroit pas même absurde de penser, qu'une impulsion extraordinaire auroit porté sur une côte les eaux, qu'elle auroit éloignées des rivages d'une terre opposée. Mais je vous fis observer hier, Monsieur, que les eaux de la mer n'ont pas seulement couvert vos plus hautes montagnes: je vous établis encore par des faits nombreux & constans, qu'elle les avoit formées dans son sein depuis leur pied jusqu'au plus haut de leur sommet, qu'elle devoit par conséquent surmonter considérablement.

Oui, n'en déplaise à votre Lucréce; ce n'est point la terre qui a engendré les montagnes, ainsi qu'il le prétend (a): c'est la mer qui les a fabriquées dans son

---

(a) C'est au livre cinquiéme où ce Poëte expliquant pourquoi la terre occupe le centre de l'univers, dit qu'à son origine les rayons du Soleil venant à frapper sa surface toute découverte, la forcerent de se condenser vers son centre ; qu'alors les campagnes s'humilierent, & que les montagnes éléverent leur cime par le secours des rochers, dont la masse ni les parties ne purent également s'abaisser.

Si debant campi: crescebant montibus altis
Ascensus; neque enim poterant subsidere saxa, &c.

sein, & depuis enfantées par sa diminution. En effet, si cela n'étoit pas, si les flots n'avoient égalé du moins par-tout le globe le sommet de nos montagnes les plus élevées, comment dans la composition des lieux les plus exhaussés trouveroit-on les mêmes témoignages, qu'elle employe encore chaque jour dans les ouvrages auxquels elle est occupée sur ses bods ? sans supposer cette élévation précédente de ses eaux, comment pouvoir expliquer ce phénoméne si singulier, que dans les pierres de votre Europe, même de votre France, & dans des contrées aujourd'hui fort supérieures à ses flots, il se rencontre des espéces de coquillages, de plantes & de feuilles d'arbres, qui ne croissent qu'à la Chine, en Asie & en Amérique, ou qui ne vivent que dans leurs mers : que dans la composition des pierres de ces autres parties du monde, on trouve d'autres coquillages, d'autres plantes, d'autres plantes, d'autres feuilles d'arbres, dont les espéces ne croissent qu'en Europe ou dans ces mers : qu'enfin dans les unes & dans les autres on remarque beaucoup d'autres espéces de coquillages, de plan-

y ij

tes & de feuilles d'arbres absolument inconnues, & qui croissent apparemment dans des lieux qu'on n'a pas encore découverts ? Comment ces coquillages, ces plantes & ces feuilles étrangéres & inconnues seroient-elles passées d'une partie du globe à l'autre ; comment se trouveroient-elles insérées dans les pierres des montagnes de ces endroits ; comment y auroit-elles été voiturées sans le secours des eaux de la mer, & de ses courans alternatifs d'un de ces endroits à l'autre ; par conséquent sans que les flots couvrissent les lieux, dans les pierres desquels on les rencontrent ? Si la mer couvroit en Europe la montagne de st. Chaumont en Forêt, & une partie de celles de suisses, des Alpes & des Pyrénées, dans la substance desquelles on trouve des plantes, qui ne croissent qu'en Asie, ou en Amérique ; si elle surmontoit certaines montagnes de l'Arménie & de la Chine, dans la composition desquelles on rencontre tant de plantes & de feuilles d'arbres particuliéres à notre Europe ; le globe entier n'étoit certainement parsemé alors que de quelques Isles, même de peu d'élévation au-dessus de la surface de la mer.

Au reste pour achever de vous convaincre, que ces fabrications n'ont point d'autre cause que les eaux de la mer, considérez, s'il vous plaît, les autres marques que vous en trouvez dans la position de ces hauteurs, dans les galets appellés de mer parce que la mer seule les forme, dans les trous de vers marins, & dans les divers coquillages de mer attachés aux rochers circonvoisins. Examinez ensuite l'arrangement des plantes ou des feuilles dans les pierres où elles se trouvent. Vous ne pourrez douter qu'elles n'y ayent été placées horisontalement au globe, & tellement arrangées, qu'on diroit qu'elles ont été colées & appliquées avec la main. Vous en trouverez à la vérité de brisées & de partagées, sans doute par l'impétuosité des torrens qui les avoient entraînées des montagnes supérieures à la mer, ou par la violence de ses vagues: mais vous n'en verrez aucune de repliée en elle-même; preuve sans replique qu'elles étoient entretenues dans cette extension par les eaux dans lesquelles elles nageoint, lorsqu'elles furent précipitées enfin dans leur fond. D'où l'on doit conclure, que nos terrains ont été fabriqués de cette forte, & ligne à ligne, dans le fein des eaux de la mer, des limons, des fables & des autres matiéres dont fes flots font chargés en tout état, & qu'ils voiturent d'un endroit à l'autre, où ils les arrangent fucceffivement.

Or fi la mer a bâti ainfi nos montagnes de leur pied jufqu'à leur fommet, comme il n'eft pas poffible d'en douter après les obfervations que je vous ai fait faire; fi ces compofitions n'ont pû fe former, fans que ces eaux ayent furmonté leurs fommets les plus élevés; fi elles ont diminué depuis jufqu'à fa fuperficie préfente, comme l'un fuppofe l'autre; ce volume d'eau prodigieux inconteftablement plus gros que n'eft celui de tout ce qui refte à épuifer, ne peut être paffé d'une des parties du globe à l'autre, puifqu'elle a également diminué dans toutes les parties du monde. Il feroit donc contre la raifon de fe perfuader, que fes eaux augmentaffent de hauteur en quelque peu d'endroits que nous n'avons pas encore découverts; tandis qu'elle diminueroit dans tous les autres. Ajoutez que la superficie des eaux de la mer n'est pas moins convexe, que celle de la terre. Si cet état qui leur est propre autour d'un corps spherique qui tourne sur lui même, souffre quelques légéres altérations dans une tempête, qui éleve les flots en quelque endroit, & qui en un autre les abaisse de quelque coudées, cette tempête n'a pas plûtôt cessé, qu'elles retournent dans leur situation naturelle. Ainsi leur élévation doit être égale par tout le globe, & leur superficie uniforme.

Les eaux de la mer n'ont pû aussi rencontrer dans le centre du globe, où l'on n'a jamais trouvé de vuide au-dessous du niveau des eaux, une capacité assez vaste, pour contenir le volume qui leur manque du sommet de nos plus hautes montagnes jusqu'à l'état présent de leur superficie. C'est ce qu'il est aisé de démontrer. Si nos montagnes n'eussent été formées & élevées que sur une croute totalement vuide, qui en s'entrouvrant eût reçu toutes ces eaux dans sa capacité, & qui par là eût donné lieu à leur diminution prodigieuse, les eaux qu'on ren-

Qu'elles ne se sont point retirées dans le centre du globe.

contre dans le fein de la terre après avoir percé cette croute, ne feroient-elles pas falées, comme le font celles de la mer? Cependant plus les puits font profonds, plus les eaux font douces. D'ailleurs ce vuide une fois rempli ne laifferoit plus lieu a la diminution de la mer, qui continue cependant d'un jour à l'autre. Il eft donc évident & inconteftable, que cette diminution eft réelle & effective. Autrement, au lieu de baiffer, fes eaux augmenteroient de fuperficie. Car les riviéres, les torrens & les pluies y entraînant fans ceffe une partie des terrains qu'elles lavent, les vents y portant de la poufiére & des fables, le volume de toutes ces matiéres qui fe rendent dans fes abimes, devroit élever fes eaux d'autant; aulieu qu'au contraire fa fuperficie fe rétrecit chaque jour, même vifiblement. C'eft ce qu'on reconnoît par les marques fenfibles de fa diminution, qu'elle a imprimées aux rochers efcarpés qu'elle bat encore.

Je fçai, continua notre Philofophe, que vous tenez pour indubitable, que ce qu'on appelle Elémens ne fe tranfmue point. Je ne m'arrête point aux preuves

qu'on

qu'on a du contraire, même parmi vous, ni à l'expérience que l'on m'a dit s'être faite à Paris, du changement en terre d'une eau renfermée pendant trente à quarante ans dans une bouteille de verre épais bouchée hermétiquement. Mais aussi n'ai-je garde de prétendre, que l'eau de la mer se soit changée en terre, puisque ce n'est que par sa diminution que nos montagnes se sont montrées, & que ce qui paroît du globe s'est découvert. Il n'y auroit ni montagnes ni vallées, il n'y auroit plus même de mer ni d'eau, si cette transformation s'étoit faite. Je ne prétens point non plus, qu'il se perdre rien de la matière ; & en cela je suis d'acord avec vous & avec Lucréce. (a) Les eaux de la mer subsistent, comme je l'exposerai dans la suite, malgré la diminution qu'elles ont soufferte,

---

(a) C'est au livre vingt-sixiéme, où ce Poëte prétend prouver l'état immuable de la matière, qui n'est jamais, dit il, ni plus compacte, ni plus étendue, qui n'est point susceptible d'augmentation ou de diminution, ensorte que le mouvement des principes des choses s'entretient toujours dans son immutabilité.

Nec stipata magis fluit unquàm materiaï
 Copia, nec porró majoribus intervallis:
 Namque adaugescit quidquam, neque deperit inde.

Z

& qu'elles souffrent encore chaque jour.

Je ne crois pas même que cette diminution procéde de l'affoiblissement d'une effervescence plus grande autrefois dans ses eaux qu'elle ne l'est aujourd'hui. Il ne seroit pas impossible que cela arrivât en conséquence d'une diminution survenue à la force du feu du soleil, ou de celui des volcans enfermés dans les entrailles de la terre, qui autrefois auroient enflé ses eaux au point qu'elles auroient pû couvrir nos plus hautes montagnes. C'est ainsi que l'eau d'un vase échauffé s'augmente ou diminue à proportion du dégré de chaleur qui l'agite. Mais je suis persuadé, que la diminution de la mer procéde des eaux qui lui sont enlevées. Je vous en expliquerai les causes dans un autre entretien, permettez-moi cependant de me renfermer dans celui-ci aux seules preuves de cette diminution.

Les histoires qui nous restent ont si peu d'antiquité, elles sont si confuses & si incertaines à mesure qu'elles s'éloignent de nous, qu'il n'est pas étonnant que nous ignorions ce qui nous a précédé de quelques milliers d'années. Si la mémoire en subsistoit encore, nous aurions

Que la cause de de la diminution n'est point une effervescence.

Défectuosité de nos histoires.

dans cette tradition ou dans nos livres des preuves non suspectes du décroissement des eaux de la mer. Il n'y a pas lieu de douter, qu'il n'y ait eu des villes maritimes depuis des tems infinis, si l'on peut user de ces termes, & que la navigation ne soit en usage depuis un très-grand nombre de siécles. Le vaisseau trouvé en Suisse à cent brasses de profondeur, dans un lieu où l'on tiroit de la mine, en est une preuve convaincante. Si l'on connoissoit au juste la position des villes qui furent bâties sur la mer, & celle des ports les plus anciens, il ne seroit pas nécessaire d'autres témoignages, pour détruire la prévention de presque tous les hommes, contre la diminution des eaux de la mer. Car il y avoit autrefois sans doute dans des lieux supérieurs à sa superficie présente de trois à quatre cens toises, peut-être de cinq cens & de mille, des habitations & des ports fréquentés, comme les nôtres le sont aujourd'hui.

Je ne prétens point qu'on en ait bâti sur nos plus hautes montagnes, persuadé que ce globe n'a été habitable ni habité, que plusieurs siécles après la dé-

Z ij

couverte de ses premiers terrains : que la navigation même, & l'usage de se prévaloir de la mer pour passer d'une Isle à une autre, n'a eu lieu que long-tems depuis qu'il y a eu des hommes, & qu'après un principe qui ne commença que par une planche, le progrès de la navigation a été si lent, que de là jusqu'au tems de la construction du vaisseau qui fut trouvé en Suisse, on pourroit compter peut-être des années presque sans nombre, & la moitié de l'âge de la terre. Cependant ce qui dans vos histoires va au-delà de trois à quatre mille ans, est non-seulement obscur, il est même totalement dénoué de faits. Je n'en veux point d'autres preuves que votre propre Bible, que l'histoire des Dynasties d'Egypte, que celle des Chinois mêmes, quoi qu'elle remonte jusqu'à des siécles fort superieurs à ceux que vous admettez.

Avez-vous quelquefois jetté les yeux sur la Bibliothéque de votre d'Herbelot ? C'est une compilation de tout ce qui se lit dans celle du fils de Callezanne, & dans divers autres Auteurs Arabes. De combien de monarchies, de guerres, de destructions de villes & de peuples, enfin de combien de vicissitudes ne voyez vous pas là les derniéres traces, dont vous ne trouvez pas le moindre vestige dans les Auteurs Européens. Ces vastes provinces de l'Asie & de l'Arabie où qui ont été le théâtre de ces événemens, n'en conservent elles mêmes que des histoires très-imparfaites & si sommaires, qu'elles laissent plus de faits dans l'obscurité, qu'elles n'en rapportent. Ces provinces sont réduites à un si petit nombre d'habitans, qu'elles sont presque désertes. Ces habitans même ignorent déja jusqu'au nom des villes, sur les grandes ruines desquelles leurs petites cabanes sont bâties. Y eut-il jamais deux villes plus grandes, plus peuplées & plus fameuses sur la terre, qu Ephèse & Alexandrie ? Cependant il n'y a pas aujourd'hui une seule cabane, un seul habitant, dans l'endroit ou fut autrefois Ephese ; à peine sçait-on où son temple si célébre dans l'univers & si fréquenté étoit bâti. De la superbe & vaste Alexandrie, qui s'etendoit des Biquiers jusqu'à la Tour des Arabes par un espace de quarante milles d'Italie, il ne reste plus de même que quelques colonnes droites ou renversées, & quelques citernes qu'on rencontre encore au milieu des montagnes composées de ses propres ruines. L'Alexandrie d'aujourd'hui, qui ne renferme que quelques réfugiés de Barbarie & de la Morée, n'est pas même située dans l'enceinte occupée par l'ancienne; elle est bâtie sur des sables, qui ont comblé une partie de son ancien port.

Il n'est donc pas étonnant, que nous ayons perdu la mémoire de la position des anciennes Villes Maritimes, & que nous en trouvions même aujourd'hui quelques-unes avec leur premier nom dans des lieux différens de ceux qu'elles occupoient autrefois. Elles ont eu le même sort qu'Alexandrie. Elles ont changée de place, en conservant leur première dénomination, & ont suivi, pour ainsi dire, les eaux de la mer, qui s'étoient éloignées de leur situation ancienne. Si l'on ignore jusqu'aux endroits, où cent Villes fameuses étoient placées il n'y a pas plus de deux mille ans, dans l'Asie & dans l'Afrique, est-il surprenant qu'on cherche en vain la position des Villes maritimes, qui exiétoient peut-être il y a quinze à vingt mille ans ? Ne doivent-elles pas avoir été sujettes à la désertion de leurs habitans & à la destruction, à mesure que par la retraite des eaux de la mer elles devenoient inutiles au commerce ?

Et croyez-vous, Monsieur, que dans un pareil nombre nombre d'années on ait plus de certitude de la position des Villes Maritimes qui subsistent aujourd'hui, qu'il n'y en a de celles de ces tems reculés ? Pensez-vous qu'on soit alors mieux instruit de l'état présent de nos côtes, de nos Continens, de nos Isles, de nos mouillages ; ou que par le changement qui sera survenu à la superficie de la mer, d'ou s'ensuivra celui des terrains dont elle est bornée, on puisse juger plus sûrement de sa diminution ? Non, Monsieur, le sort des nations, des Villes, des Royaumes, de l'état de la terre, & de la mer dont nos tems ont été précédés, sera celui de nos Villes, de nos Cartes Géographiques, de nos observations & de nos histoires. La célèbre Bibliothèque des Califes Fatimiens, dont tant de miliers de volumes étoient écrits en lettres d'or, fut dissipée par l'ignorant Saladin, qui n'en connut pas le prix inestimable. Une autre aussi fameuse avoit déja été brûlée auparavant à Alexandrie sous le régne d'un Ptolémée. Celles des Mosquées du Caire, de Damas, de Babylone, grossies en partie de celles des Fatimiens, & où entre plusieurs livres Arabes, on trouvoit les plus beaux ouvrages des Auteurs Grecs & Romains traduits aux frais du Calife Aaron par des Sçavans de sa nation, qu'il avoit envoyés pour cela à Constantinople, ont été dispersées & vendues. Celles des Empereurs Grecs n'ont pas été plus heureuses. Les vôtres auront un jour la même destinée, malgré l'impression favorable à leur durée, & la passion d'en rassembler de nombreuses, dont les Princes & les personnes opulentes de votre Europe sont aujourd'hui animées. Les descriptions qu'elles renferment de toutes les côtes que la navigation a fait connoître, des Isles qu'on a découvertes, des bas-fonds & des écueils qu'on a remarqué dans les mers, l'état circonstancié des principaux caps & ports du monde, celui de leur profondeur & de leur étendue,

étendue, les plans qui en ont été dressés avec tant d'exactitude, & que la peinture ou la gravure pourroient mettre en état de faire foi dans quelques milliers d'années de la diminution de la mer, & de l'accroissement des Isles & des Continens ; tout cela ne passera point à une postérité fort reculée.

Non, ce n'est point faute d'Historiens, que nous ignorons les actions des Héros qui ont précédé la guerre de Troye : c'est que les livres composés avant l'Iliade & l'Odyssée ont péri, & avec eux la mémoire des faits qu'ils contenoient. Celle des Héros suivans n'aura pas un meilleur sort. Les noms des Alexandres, des Césars & des pompées seront ensevelis dans l'oubli, avec les ouvrages qui en parlent encore au bout de deux mille ans. L'Auguste nom de Louis qui n'a pas fait moins de bruit dans le monde, ceux des Condés, des Turennes, des Vendômes, & des Villars, les principaux instrumens des victoires qu'il a remportées, périront de même avec son histoire. Ce sera fort tard, à la vérité ; mais ils périront enfin ; & une génération éloignée de nous

A a

de quatre à cinq mille ans ne connoîtra plus ces Grands Hommes, comme la notre ignore déja ceux qui faifoient l'ornement de leur fiécle, il n'y a pas plus long-tems.

Ce n'eſt pas même toujours la renommée préſente & les actions les plus éclatantes, qui décident de la durée des noms, & du ſouvenir de la poſtérité. Le hazard, & certains faits précieux à tous les hommes, y ont ſouvent plus de part qu'autre choſe. Le nom d'Améric Veſpuce vivra en apparence plus que celui de Charles-Quint, qui l'employa ſi utilement pour l'Eſpagne & pour votre Europe ; je ſuis même perſuadé que le nom de cet Empereur ſe garantira long-tems de l'oubli à la faveur de celui de ce Florentin ; mais ils périront l'un & l'autre. Les Egyptiens qui avoient trouvé dans leurs caractéres hiérogliphiques une écriture inaltérable, par le moyen de laquelle ils comptoient tranſmettre à la derniére poſtérité les obſervations qu'ils avoient faites ſur l'état du ciel & de la terre, n'ont pû cependant les garantir des événemens du tems, ni en faire paſſer la connoiſſance juſqu'à nous. La signification de leurs hiérogliphes s'est déja perdue; & les Temples ainsi que les colonnes où ils les avoient gravés, sont renversés & détruits.

Pour prévenir donc au sujet de la diminution de la mer les effets de l'oubli & de l'obscurité inséparables de la longueur du tems, mon Aieul ne trouva rien de plus convenable, que de se servir des moyens qui fournissent en peu d'années des preuves certaines de cette diminution. Il n'imaginoit rien de plus propre à ce dessein, que d'établir d'une maniére notoire, & par des monumens durables, la hauteur actuelle des eaux de la mer, & l'époque de cette premiere observation. Il vit avec douleur, que les marques qu'elle a imprimées en cent façons différentes, & durant des siécles nombreux, de leur élévation précédente, ne pouvoient plus donner aux hommes aucune connoissance de la mesure de cette diminution. Le peu de soin qu'ils ont eu jusqu'ici de fixer le tems, auquel la mer à écrit chacun de ces témoignages en caractéres aussi intelligibles qu'ineffaçables dans les livres naturels que nos montagnes offrent à nos yeux, les leur à rendus inutiles. Il jugea que la hauteur actuelle & le tems de la reconnoissance qu'on en feroit étant une fois bien établis, ces faits auroient l'avantage de convaincre la postérité, non-seulement de la diminution des eaux de la mer qui n'est point douteuse, mais de lui apprendre avec précision le progrès de cette diminution; ce qui est essentiel pour juger de l'âge passé & futur du globe.

Mon Aïeul pouvoit posséder six à sept mille onzes d'argent de revenu. Il en avoit peut-être trente mille autres de ses épargnes; & il n'hésita pas de les employer à cette destination, sans égard à l'amour qu'il avoit pour mon pere, qui bien loin de lui en sçavoir mauvais gré, le porta lui-même à faire cette dépense. Les terres que mon Aïeul possédoit étoient situées en des lieux, où le salaire & la nourriture des ouvriers coûtoient peu: les carriéres de pierre & de marbre lui appartenoient, & étoient à portée de sa maison. Toutes ces circonstances lui faciliterent les moyens d'exécuter son projet de la maniére suivante.

Il choisit dans ses carriéres les quatre

fortes de pierres & de marbres, les plus durs, dont il fit faire quatre colonnes octogones. Il fit enfuite élever un mur solide de vingt pieds d'épaisseur & de trente de hauteur autour de la petite Ifle, ou platte forme du rocher situé audevant de fa maifon, qui avoit donné lieu à fes premieres obfervations; & après avoir garni le côté de ce mur oppofé à la mer de groffes pierres de roche entaffées les unes fur les autres, dont les intervalles furent remplis de gros cailloux, afin de garantir d'autant mieux ce mur de l'impétuofité des vagues, il fit creufer dans fon enceinte, qui pouvoit avoir fix cens pas de circuit, quatre puits de dix pieds de profondeur.

On perça enfuite au milieu de leur fond un petit canal horifontal, qui communiquoit à la mer, afin d'en admettre les eaux dans les puits toutes les fois qu'il feroit néceffaire. On pava ces puits; & on les revêtit de pierres les plus dures & les mieux cimentées. On pofa folidement les colonnes au milieu; & après que pendant le cours de dix-huit mois on y eut introduit les eaux de la mer à diverfes fois en des tems d'un calme parfait, il fut aifé de reconnoître, quel étoit l'état préfent de la fuperficie de la mer, qui dans cet interval fe trouva toujours à peu près au même point. Alors mon Aieul fit graver de ce point en bas par lignes & par pouces, non-feulement les colonnes, mais encore les côtés des puits, & fit écrire fur les uns & fur les autres en lettres profondes l'année de cette obfervation relativement aux Eres de toutes les nations connues.

Non content de ces précautions, il fit encore élever un double dôme autour des quatre baffins. Le premier fut bâti de briques ; & le fecond qui renfermoit le premier étoit conftruit de pierres froides. L'un & l'autre avoit dix pieds d'épaiffeur. On eut l'attention d'élever affez la fenêtre qui feule donnoit entrée dans le premier dôme, pour que les vagues de la mer ne puffent y arriver dans leur plus grande agitation. Mon Aieul fit même fortifier encore leur extérieur de groffes pierres, comme il en avoit déja garni le mur dont les rivages de l'Ifle étoient enceints, afin de les garantir d'autant mieux de l'atteinte des flots. Enfin les dômes furent couverts de lames de plomb, épaisses de plusieurs doigts. D'ailleurs les voûtes composées de pierres froides étoient faites de sorte, qu'elles pouvoient seules résister à la pluie & aux injures de l'air pendant un grand nombre de siécles, quand même les plombs auroient été enlevés, ou consumés par la longueur des ans. Lorsque les mesurages de la mer se répétent, ce qui se fait deux fois l'année, dans le Printemps & dans l'Automne, on débouche les canaux qui aboutissent du fond de ces puits à la mer, & qui sont revêtus d'un gros tuyau de plomb. On les rebouche ensuite après l'opération, & on vuide l'eau des bassins, pour ne rien laisser qui puisse faire impression sur les marbres, qu'on nettoye exactement.

Mon Aieul porta ses attentions plus loin. Il fit construire un autre puit dans un endroit de la Terre ferme peu éloigné de sa maison, & distant de la mer de trois-cens pas. Mais il le fit beaucoup plus grand & plus profond ; & il y plaça quatre colonnes des quatre différentes pierres qu'on avoit choisies pour les autres. Elles furent graduées de même ; & on écrivit dessus l'observation de la hauteur actuelle de la mer, avec la datte de cette obfervation, dans les quatre Langues qu'on avoit employées pour les premiers. Les caractéres dont on se servit pour cela, furent formés de pierres de différentes couleurs inférés dans les autres, afin de rendre cette écriture ineffaçable. De la mer à ce puit on creusa à travers le terrain de roc qui les séparoit, un canal tortueux & profond. Il sert à y amener les eaux dans le tems des obfervations : excepté en cette occafion, il refte toujours bouché à l'extrémité par où il aboutit à la mer.

Pour que les puits fuffent entretenus, & les obfervations fuivies fans interruption, mon Aieul fit encore bâtir autour de ce dernier baffin une maifon folide & agréable, & y attacha des revenus en terres capables en tout tems de fuffire à l'entretien de fix Sçavans, qu'il, établit pour y veiller. Après cette obligation il ne leur imposa point d'autre foin, que celui d'étudier toute leur viece qui fe pafferoit fur la terre par rapport au changement que la diminution, de la mer y apporteroit, & d'augmenter ainfi les preuves de cette diminution, que lui-même avoit recueillies en fi grand nombre. Dans ce deffein deux d'entre eux voyagent de

tems

tems en tems de compagnie dans les diverses contrées du globe, pour y faire une compilation des opinions ou traditions, qui ont rapport à cette étude. Le recueil qu'ils en font doit être écrit sur du parchemin en quatre langues, comme les inscriptions du puit, & déposé de vingt-cinq en vingt-cinq ans en six endroits de l'Empire, ainsi que mon Aieul y avoit remis les cartes des côtes voisines de sa maison, qu'il avoit dressées avec le plus grand soin & la plus grande exactitude.

Je ne prétens pas au reste, que mon Aieul ait imaginé la maniére la plus juste & la plus certaine de reconnoître au vrai la diminution de la mer & ses progrès, ni que les puits qu'il a construits ne puissent trouver une position plus favorable, que les lieux où il les a placés. Aussi a t-il été obligé de se conformer aux terrains, dont sa maison est environnée, & à la situation des biens qu'il pouvoit destiner à leur entretien. Je suis même persuadé, que les Isles sont plus propres que les Continens à établir de ces sortes de mesurages, sur-tout les plus petites, celles qui sont les plus éloignées de la Terre-ferme, & contre les rivages desquelles les courans & les flots ne peuvent s'arrêter & s'élever, ainsi qu'ils font contre les terrains étendus.

Je ne crois point d'endroit plus propre à cet usage, que cet étang dont je vous parlois hier, situé sur la côte de Provence, & qui joint l'Isle de Gien au Continent d'Hiéres. On pourroit en effet élever une colonne graduée au milieu d'un bassin de pierre dure posé au niveau du fond actuel de l'étang, & divisé en dedans par pouces & par lignes. En faisant la première opération dans un tems calme, on auroit la mesure précise de la hauteur actuelle des flots; & les ramenant ensuite dans ce bassin, il seroit aisé de reconnoitre, & combien le le fond de l'étang se trouveroit augmenté du limon que les eaux de la mer y auroient apporté, & combien la mer elle-même auroit diminué depuis la premiere observation.

L'Isle de Malthe m'a encore parû plus propre à ce mésurage, qu'aucune autre de la Méditerranée. Outre l'avantage de sa situation, assez éloignée de l'Afrique & de la Sicile, il y a lieu de croire que le

Gouvernement préfent & cette efpéce de République dureront auffi long-tems, que les bords du baffin où elle eft renfermée feront partagés, comme aujourd'hui, entre les Princes de la religion chrétienne & ceux de de la Mahométane. Cette Ifle à même autour d'elle deux gros rochers à fon Levant & à fon Midi, & un troifiéme à fon Couchant entre-elle & l'Ifle de Gofe, qui feront par eux-mêmes un témoignage tardif, mais invincible, de la diminution des eaux de la mer. Il fuffira d'y ajouter pour toute précaution une Carte exacte de fes bords & de fes environs, où les écueils & les fonds foient marqués avec précifion. La Ville de Malthe elle-même, fes fortifications, fes batteries à fleur d'eau, dont la difpofition établit avec juftefſe l'état préfent de la mer & fa hauteur, pourront fans autre fecours apprendre à la poftérité la diminution des flots, fi les plans en font gardés exactement, & fi en changeant une fortification ou une batterie, on a foin de marquer fur de nouveaux plans les changemens qu'on aura faits, & les raifons qu'on aura eues de les faire. Cependant

les puits creusés sur les rochers & les petites Isles situées à sa hauteur, ou sur celle de Malthe même, avanceroient de beaucoup les témoignages de cette diminution, sans que cette opération demandât beaucoup de dépense.

Qu'elle espérance un Grand Maître, ordinairement amateur de sa réputation & de sa mémoire, n'auroit-il pas d'immortaliser son nom, si cette entreprise réussissoit ? Je parle de cette immortalité, dont nous pouvons nous flatter ici-bas, & d'une espace qui, quoique court, paroît à la foiblesse de nos yeux un éloignement sans bornes, & une espéce d'éternité. Si les noms d'Europe & d'Afrique durent encore, si celui d'Amérique doit vivre un grand nombre de siécles, comme on ne peut en douter ; pourquoi le nom de celui qui apprendroit aux hommes inappliqués & prévenus de l'opignon contraire, que ce globe qu'ils habitent a été formé dans le sein de la mer, & s'est montré ensuite par la diminution de ses eaux combien il y a que la terre a élévé sa tête au-dessus des flots, combien même il y a qu'elle est habitée, pourquoi, dis-je, ne seroit-il pas transmis à la postérité la plus reculée ?

Aussi à l'exemple de mon Aieul, plusieurs Gouverneurs de Villes maritimes, & grand nombre de particuliers qui ont des habitations sur le bord de la mer, y ont établi de pareils mesurages. Les uns ont posé dans la mer même, sur des rochers inférieurs à sa superficie, des colonnes au haut desquelles ils ont marqué avec précision le point de la hauteur actuelle de ses eaux. D'autres ont fait raser des rochers supérieurs à sa superficie, & les ont égalés à elle, en y appliquant des tables de marbre, qui font foi de l'année où cet ouvrage a été exécuté. Quelques-uns ont marqué sur des rochers escarpés qu'elle battoit encore, la hauteur présente de ses eaux, & ont écrit au-dessus cette observation & sa datte, après avoir pris en divers tems l'élévation de ses flots. D'autres ont creusé des puits dans des rochers à couvert de l'agitation de la mer, & dans certains terrains à peu près semblables à ceux, que mon Aieul avoit choisis. Il s'en est fait de cent façons différentes. Il y a lieu d'espérer, que quelques uns de ces témoignages subsisteront assez long-tems, pour triompher de l'incrédulité des hommes sur la diminution de la mer, & pour nous apprendre la mesure précise de cette diminution.

Exemples anciens de ces mésurages.

J'en ai trouvé même des notions dans quelques monumens de l'Antiquité, dont vous ne serez pas fâché que je vous entretienne. J'ai vû au Cap Carthage, dans les ruines d'une forteresse, qui pourroit bien être celle de Botzra bâtie par les Carthaginois, & que les Romains détruisirent; j'y ai vû, dis-je, trois ouvertures dans la partie du mur qui répondoit à la mer, & qui subsiste encore à la hauteur de douze à quinze pieds, & de l'étendue de plusieurs toises, quoique fort diminué dans son épaisseur. Ces ouvertures d'environs quatre pieds de largeur, & dont on ne peut mésurer la profondeur, parce que le bas en est comblé, mais dont la hauteur est encore de cinq à six pieds, avoient été pratiquées, pour introduire la mer dans l'intérieur de cette forteresse.

Une preuve sans replique qu'elles étoient destinées à cet usage, est que leurs voûtes encore revêtues de pierres de taille ainsi ainsi que leurs côtés, quoique le mur ne soit bâti que de petits cailloux unis par un ciment aussi dur que le fer, sont plus exhaussées du côté de la mer, qu'à l'endroit où elles se terminent du côté de la forteresse. Or si ces ouvertures n'avoient pas été faites, pour introduire du dehors au dedans les eaux de la mer, elles seroient au moins égales. Que si elles avoient été pratiquées, pour faciliter l'écoulement des eaux du dedans au dehors, on les eût construites tout différemment, c'est-à-dire, plus élevées du côté de l'intérieur de la forteresse, & plus basses à son extérieur. On doit croire de la forme de ces voûtes, qu'au tems où cette forteresse fut bâtie, la mer étoit plus exhaussée que la plus haute de ces ouvertures. Cependant sa superficie y est aujourd'hui inférieure de plus de six pieds : elle ne peut même arriver au pied de ces ouvertures, dont elle n'est éloignée que de deux ou trois toises, si ce n'est dans une grande tempête d'un vent d'Est ou Nord-Est. D'où je conclus, que la mer avoit au moin cinq à six pieds d'élévation de plus qu'elle n'a aujourd'hui, lorsque cette fortereſſe fit conſtruire, c'eſt-à-dire, comme on doit le croire, il y a plus de deux mille ans. Autant que j'en pus juger, ces ouvertures étoient deſtinées à introduire l'eau de la mer dans un baſſin, que cette forterſſe contenoit dans ſon milieu. On pouvoit y tenir quelques Galiotes, à la faveur d'une entrée qui devoit être placée à côté, & qui eſt comblée par les ruines de la forterſſe même. Ce baſſin ſervoit auſſi peut-être à conſtruire des vaiſſeaux, après quoi on y introduiſoit l'eau par ces ouvertures, pour les en tirer par une autre plus large.

J'ai trouvé encore à Alexandrie, à cette pointe de la terre-ferme qui mène au rocher ſur lequel eſt bâti le Pharillon, divers petits canaux taillés dans le roc aboutiſſant à la mer, & communiquant à des ruines de bâtimens qu'on remarque ſur cette pointe. Ces canaux étoient certainement deſtinés, ou à introduire l'eau de la mer dans ces édifices, ou à en conduire de ces édifices à la mer. Il y a cependant beaucoup d'apparence, qu'ils avoient été pratiqués plutôt pour admettre l'eau de la mer dans des bains, dont la forme ſe diſtingue encore, que

pour

pour servir de décharge à d'autres employées à l'usage de ces bains. J'en juge ainsi, parce qu'ils penchoient plutôt de la mer vers la terre, que de la terre vers la mer, ou que du moins ils n'avoient aucune inclination vers ce dernier côté. Le plus bas de ces canaux qui étoit encore assez entier, & qui pouvoit avoir deux pieds de hauteur sur quinze à seize pouces de large, étoit encore le jour de mon observation couvert d'eau de la mer de trois à quatre doigts de hauteur: mais le vent qui agitoit alors les flots, les enfloit au moins de toute la hauteur de l'eau, que ce canal contenoit. Les canaux supérieurs étoient absolument secs.

J'en vis d'autres à St. Jean d'Acre, nommé anciennement Ptolémaïde. Ils étoient creusés dans ce rocher uni & assez vaste, qui est au devant de cette forteresse, & qui revêtu autrefois de pierres de taille, servoit de plate-forme & de môle à son port. Ces canaux étoient nombreux, de la hauteur & de la largeur à peu près de ceux d'Alexandrie. Ils se trouvoient, comme ceux-ci, les uns à sec, les autres encore remplis d'eau de la mer à la hauteur de deux à trois doigts.

Ils étoient non seulement horifontaux, & sans pente vers la mer : il y en avoit même un ou deux, dont l'extrêmité qui aboutissoit vers elle n'étoit point ouverte, mais au contraire fermée par la pierre du rocher même. Or de là il est clair, qu'ils étoient destinés à en recevoir l'eau & à l'introduire dans la Ville ; même que la mer étoit supérieure à ces canaux. En effet sans cela elle n'auroit pû entrer dans ceux qui étoient fermés de son côté, où parconséquent ses eaux devoient être admises par une ouverture supérieure. Le vent agitoit aussi la mer, lorsque je visitai ces canaux, & tenoit ses eaux enflées au moins d'un demi-pied.

Estimation de cette diminution.
Difficulté de la fixer.

J'avoue que sur l'observation de ces lieux il n'est pas possible d'asseoir un jugement précis de la mesure actuelle de diminution de la mer. En effet on ne sçait pas au juste, ni dans quel tems ces canaux ont été construit ou creusés à Alexandrie & à Ptolémaide, ces Villes ayant passé successivement sous la domination de diverses nations ; ni dans quelle année a été bâtie la forteresse de Carthage, où se trouvent les ouvertures dont j'ai parlé. On ignore d'ailleurs qu'-

elle étoit la hauteur actuelle de la mer, lorsqu'on travailla à cette forteresse & à ces canaux. Cependant eu égard à la diminution qu'on remarque aux puits pratiqués par mon aïeul il y a soixante & quinze ans, qui est aujourd'hui environ de deux pouces, on peut estimer celle qui se fait dans l'espace d'un siécle environ à trois pouces, & pour un millier d'années à trois pieds. Or sur cette estimation, la mer ayant diminué de six pieds pendant deux-mille ans, qu'on peut compter depuis la construction de la forteresse de Bothra, dont on voit les ruines au cap Carthage, elle devoit être supérieure aux ouvertures qu'on y remarque. C'est ainsi qu'elle l'étoit il n'y a pas huit cens ans aux canaux, que j'ai trouvés à la pointe du terrain joint au Pharillon d'Alexandrie, & sur la plateforme située au-devant de la Ville de St. Jean d'Acre.

Cependant par d'autres reconnoissances, la diminution de la mer paroît se précipiter d'avantage. Car pour ne vous citer que des faits qui soient à portée de vous, comme j'ai commencé de le faire, il y a entre Gênes & le Golfe de la

Specia un rocher appellé Grimaldi, du nom d'un noble Genois, qui perdit un vaisseau contre cet écueil il n'y a que quatre-vingt-dix ans. Suivant la tradition, ce rocher ne veilloit point encore alors, quoi qu'aujourd'hui dans un tems de calme il soit découvert de près de deux pieds. On m'a fait voir aussi sur les côtes du Languedoc, entre Agde & Narbonne, un autre rocher déja assez élevé au-dessus de la mer, qu'on dit ne montrer sa tête que depuis soixante à soixante & dix ans. Dans le mouvement qui agite toujours les eaux de la mer, même dans un tems de calme, il est difficile de marquer un point fixe à sa superficie, qu'un vent précédent pourra avoir enflée ; outre que plusieurs rochers croissent à la mer par les sables & les coquillages qu'elle y attache en certains lieux, tandis qu'elle les mine en d'autres.

Or de l'estimation que je viens de faire de la diminution des eaux de la mer, c'est-à-dire, d'environ un pied dans l'espace de trois siécles, & de trois pieds quatre pouces en mille ans, vous comprenez, Monsieur, combien il est difficile à un homme dans le cours d'une vie ordinaire de cinquante à soixante ans, (car il faut en avoir une vingtaine avant que la raison soit formée:) combien, dis-je, il est difficile dans un tems si court, de démêler cette diminution insensible, à travers le flux & le reflux journalier de la mer, & l'agitation perpétuelle de ses flots causée par les vents & par les courans, qui tantôt les enflent d'un côté, tandis qu'ils les diminuent de l'autre. Ajoutez à ces difficultés, que ceux dont nous avons été précédés sont morts dans l'ignorance de cette diminution, faute d'avoir étudié à fond la composition du globe, & d'avoir comparé ce qui se passe chaque jour sur ses bords & dans son sein, avec ce que nous voyons depuis ses rivages jusqu'aux sommets de nos plus hautes montagnes. Joignez à ces obstacles, que notre raison est encore séduite par la position de certaines Villes d'un nom très ancien, qu'on sçait avoir été situées sur les bords de la mer dans des siècles fort reculés, & qu'on retrouve encore de même sur son rivage.

On n'a garde de faire attention, que c'est bien le nom ancien de ces Villes, mais non leur ancienne situation. Car les habitans des places maritimes étendent d'abord leurs habitations sur les terrains que la mer découvre, comme en étant plus voisins, & plus favorables pour leur commerce ; ensorte que ces Villes changent de position en suivant la mer, sans qu'il arrive de changement à leur dénomination, & sans, pour ainsi dire, qu'on s'en apperçoive.

Il n'est donc pas étonnant, que la diminution des eaux de la mer & la véritable origine de notre globe, ayent été ignorées jusqu'à ce jour de presque tout le genre humain, malgré tout ce qui lui en parle dans la nature. Cependant de tems en tems, & en tout pays, il y a eu des hommes, dont l'esprit & l'application aux choses naturelles ont triomphé en cette matiére des préjugés de la naissance & de l'éducation. L'opinion d'une supériorité précédente des eaux de la mer aux terrains aujourd'hui visibles, & de leur long séjour sur ces terrains, a été celle de plusieurs Philosophes des siécles passés, même de quelques modernes. Bernard Palissi, simple potier de terre, qui vivoit sous Henri III. étoit parvenu à cette connoissance, en fouillant dans les montagnes, pour y chercher les minéraux des secours à son art encore fort imparfait alors. Il osa soutenir la vérité de son systéme dans des conférences publiques qu'il tint à Paris, où les plus doctes personnages de son tems se firent un honneur d'aller l'entendre, ne dédaidaignant point de payer le tribut, que la nécessité où il étoit, l'avoit obligé d'imposer à ceux qui vouloient assister à ses leçons. Il avoit fait afficher, qu'il rendroit l'argent à ceux qui lui prouveroient la fausseté de quelques-unes des opinions qu'il enseignoit. Mais il ne se trouva personne, qui osât démentir les témoignages sensibles qu'il avoit rassemblés de son sentiment, en diverses pétrifications qu'il avoit dans son cabinet, & qu'il avoit tirées des carrieres & des montagnes de France, sur-tout des Ardennes, & des bords de la Meuse & de la Moselle. Ses œuvres ont été imprimées à Paris; & les faits que je vous cite y sont établis.

Telliamed alloit continuer, lorsqu'un événement imprévû, & assez nouveau pour le pays où nous étions, nous fit penser à toute autre chose. Ce fut une pluye telle, que depuis seize ans peut-être il n'en étoit pas tombé au Caire, où il ne pleut quelquefois pas une seule fois en quatre ans. Quoique cette pluie ne fût pas des plus violentes, elle mouilloit assez pour nous obliger à quitter la campagne, & à faire retraite. Nous nous séparâmes, avec promesse de nous retrouver le lendemain au même endroit; & tandis que notre Indien regagnoit la Ville à toute jambe, pour moi, que la nature ne favorisa point du talent de bien courir, percé jusqu'à la peau, & cherchant un abri contre ce petit Déluge.

Je me sauve à la nage, & j'aborde où je

www.ingramcontent.com/pod-product-compliance
Lightning Source LLC
Chambersburg PA
CBHW071629220526
45469CB00002B/544